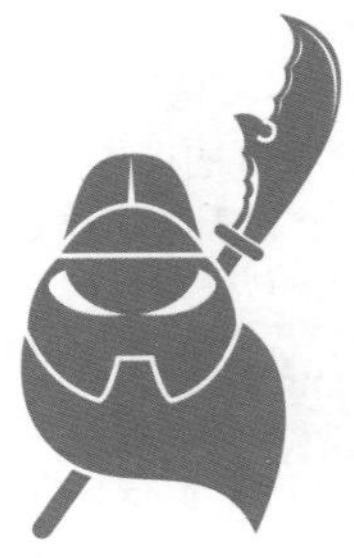

宝刀不老

谁说中老年人不会玩电脑

朱维 编著

電子工業出版社
Publishing House of Electronics Industry
北京•BEIJING

内容简介

很多中老年人都认为电脑很难学，可是电脑和网络发展至今已经不仅仅应用于工作，平时的娱乐和生活在电脑的帮助下更加便利。中老年人退休之后空闲的时间较多，若学会使用电脑不仅可以丰富晚年生活，还能给日常生活带来许多便利。

本书共 12 章，分别针对中老年人的需求和特点讲解了电脑的基础知识、操作系统的基本设置、电脑上网、网上聊天、电子邮件、网络博客、电脑游戏、网络视听、网上阅读、网上就诊、网上银行和文档制作等内容。

本书内容形式活泼、丰富、充实，将实用的理念、经验同经典实例结合起来，用通俗易懂的语言进行讲解，使读者愉快阅读、轻松学习。全书内容由浅入深，回避了生搬硬套的专业词汇，不以堆砌步骤来向中老年人讲解电脑和网络的应用，而是在文中融入更多实际生活中用得到的电脑技巧、窍门，让中老年人在阅读中可以一步步提高使用电脑的技能。

图书在版编目（CIP）数据

宝刀不老：谁说中老年人不会玩电脑 / 朱维编著. —北京：电子工业出版社，2014.4

ISBN 978-7-121-22574-1

Ⅰ. ①宝… Ⅱ. ①朱… Ⅲ. ①电子计算机－中老年读物 Ⅳ. ①TP3-49

中国版本图书馆 CIP 数据核字(2014)第 039871 号

策划编辑：牛　勇
责任编辑：王　静
印　　刷：北京千鹤印刷有限公司
装　　订：北京千鹤印刷有限公司
出版发行：电子工业出版社
　　　　　北京市海淀区万寿路 173 信箱　邮编 100036
开　　本：880×1230　1/32　印张：8　字数：173 千字
印　　次：2014 年 4 月第 1 次印刷
定　　价：39.80 元（含光盘 1 张）

凡所购买电子工业出版社图书有缺损问题，请向购买书店调换。若书店售缺，请与本社发行部联系，联系及邮购电话：（010）88254888。

质量投诉请发邮件至 zlts@phei.com.cn，盗版侵权举报请发邮件至 dbqq@phei.com.cn。

服务热线：（010）88258888。

国庆节期间，我把老爸和老妈接到我所在的城市旅游了一番，用照相机拍了不少一家人游山玩水的照片。回家后，老爸打电话来索要照片，我说用 QQ 传给他。谁知，老爸的家里虽然有电脑，但他们都不会用，老爸还说："别说看照片，我连 QQ 都还不会用呢！"

为什么在电脑已经非常普及的今天，还有许多中老年人不会使用电脑呢？经过一番走访，我得到如下的回答："电脑是年轻人用的，我都老了，还学什么电脑，还是打麻将、钓鱼轻松一点！""我都是快要退休的人了，干吗非要学电脑，自己给自己找麻烦！""我拼音不好，学五笔还要背字根，太累，有时间，还是做点其他事情吧……"

电脑已经进入千家万户，它已经不再是一件单纯的科研工具，而是与我们生活息息相关的家用电器。对于中老年朋友来说，它不仅可以用来看新闻、查资料、听音乐、看电影电视、和远方的亲人聊天，还能查地图、查天气、了解旅游信息、学做菜、看数码照片，甚至还能用来交水电费、充话费、买股票、订火车票和飞机票……学会使用电脑，不但能丰富自己的老年生活，更能给自己的生活带来许许多多的便利。

那么，学电脑难吗？许多中老年朋友都有这样的担心。其实，电脑作为方便我们工作和生活的工具，操作是非常容易的。对于初学者来说，学习电脑最大的困惑在于无从下手和没有目的。因此，一个好的引导者是成功的关键。那么，就让我成为您学习电脑的指路人，跟我一起快乐地玩电脑吧！

另外悄悄地告诉您，电脑尽管是高科技的产品，但还是很"结实"的，只要按照正确的方法操作，是不会损坏电脑的。因此中老年朋友学电脑，一定要敢于操作，大胆使用。最重要的是，对新事物要保持与时俱进的心态，敢于接受和尝试，才能掌握电脑更多的用途。

本书由朱维主笔，参与编写和审校工作的还有谭有彬、罗亮、贾婷婷、刘霞、黄波、李彤、罗文清、任遥、吴鸿斌、陈鹃、肖欣、刘泽兰、唐薇、李继春等。在本书编写过程中，尽管我们的每一位团队成员都未敢稍有疏忽，但纰缪和不足之处仍在所难免，恳请广大读者和专家不吝赐教，我们将认真听取您的宝贵意见，您的反馈将是我们继续努力的动力。

最后，祝您身体健康、阖家幸福、生活愉快！

编　者

2014 年 2 月

目录

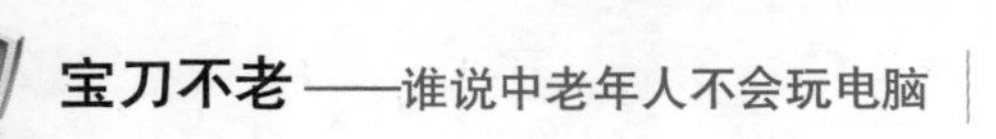

第1章

从零开始学电脑

虽然电脑已经普及千家万户，但是很多中老年朋友仍然没有融入电脑一族的大军里。

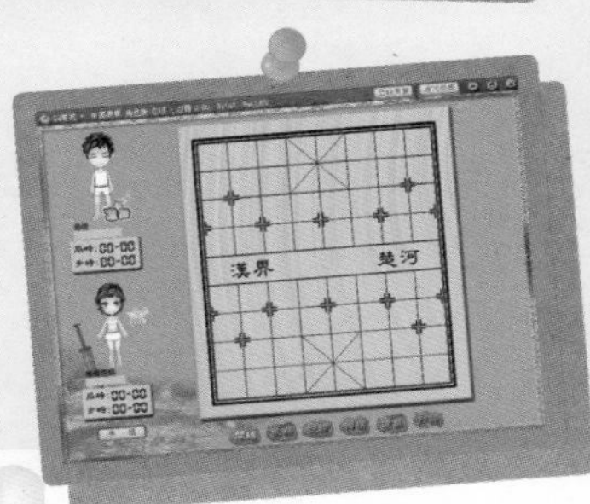

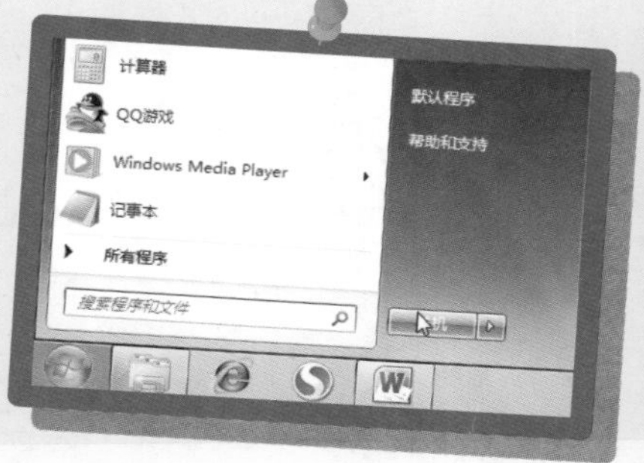

看着儿子、孙子坐在电脑前舍不得离开，自己是不是也心痒难耐，想一探电脑的乐趣所在？不要担心自己对电脑一窍不通，想一想以前自己教育儿子的口头禅，从零开始，一步一个脚印学习电脑，你一定可以成为大师级电脑玩家。

1.1 第一次接触电脑

当儿子孝敬你一台电脑时，是不是感觉很想操作自如但不知道从何下手？这个东西到底有什么用？像我这样笨手笨脚的，也没有学习过高科技知识，能熟练地使用电脑吗？

别担心，这些不是大问题，只要有心，学会使用电脑完全没有问题。

1.1.1 你能用电脑做什么

电脑是近几年才兴起的高科技产品，中老年朋友们总觉得电脑就是为年轻人而准备的，对于自己并没有多大用处。首先这种认识就是错误的，电脑不仅可以作为办公的设备，也是娱乐休闲的好伙伴，只要掌握了电脑的用法，一定能将晚年生活打造得多姿多彩。

很多中老年朋友单纯地认为电脑只是用来打字、处理文件的，这仅仅是电脑最不起眼的功能。在想要制作文档时，可以利用文字处理软件轻松地编辑一篇文档，而且各式字体任意挑选。如果学会了打字，在需要制作例如老年协会的通知、房屋出租信息时，只要连接上打印机就可以轻松地将其打印出来。

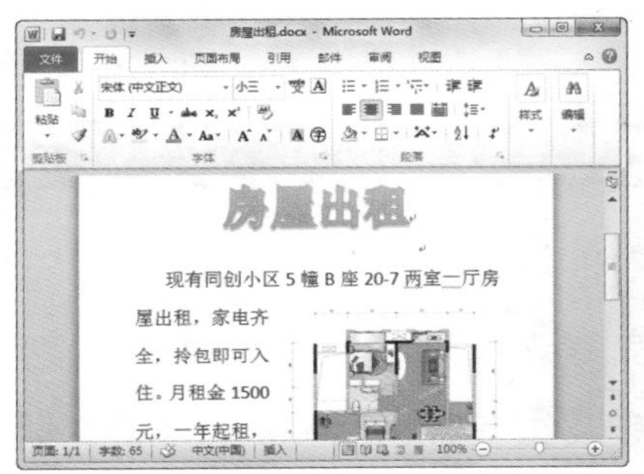

如果喜欢看新闻，再也不用在当天的报纸上看前一天的新闻了，利用电脑可以随时关注实时新闻，没有哪种纸质媒体的传播速度可以与网络比拟。

而在想下象棋、打麻将却苦于找不到对手时，使用电脑上网可以随时来上几局，不用担心外面刮风下雨，也不用再到没有暖气的公园里下棋了。

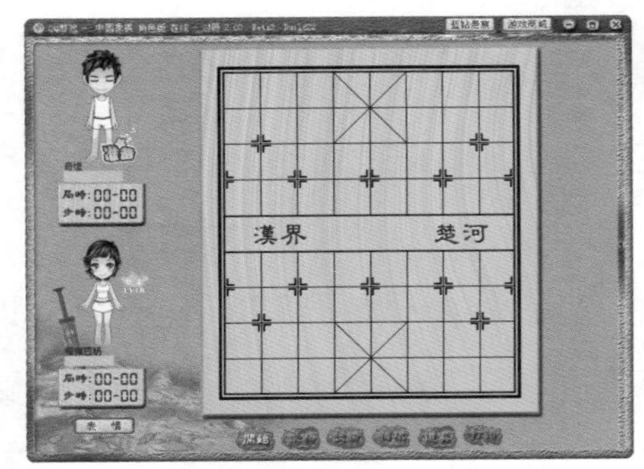

学会使用电脑之后，也可以在网络上与人聊天，不需要花额外的通信费用就可以实现视频通话。如果出去旅游照了照片，也可以传到电脑里，通过网络发给远方的朋友一起分享。

电脑可以做的事情有很多，如果要一一列举出来可谓数不胜数，而其中的乐趣还待你自己来发现。

1.1.2 中老年朋友怎样才能学好电脑

马上要开始学习了，你是不是有点紧张？害怕自己因年龄大、记忆力差而学不会吗？其实看现在不识字的小孩都能熟练地操作电脑就知道，学习电脑其实很简单。不过，合适的学习方法可以让你在学习过程中事半功倍，而以下一些学习电脑的方法、技巧和心得体会正是学习前的指路明灯。

很多人都认为电脑是高科技产品，容易损坏，所以在使用时总是小心翼翼的，生怕多按了一下电脑就会短路。其实电脑与一般的手机、电视机一样，只要按照正确的方法使用，就不会轻易被损坏的，即使偶尔出现了故障，修复起来也比较简单。大多数电脑的故障都是软件故障，可以通过重新启动电脑、重装系统等方法来解决，十分简单。

而刚开始学习时，也不要有系统地学习电脑知识的打算，只需要将学习重点放在实际应用上，知道怎么使用即可。在电脑的应用中，学习了一个操作步骤，只要操作熟练，往往可以举一反三学会更多的操作。而在操作中，如果有什么不懂的地方，可以拿一个小本记录下来，问问身边的年轻人，也可以跟正在学习电脑的其他中老朋友一起交流，把学到的东西相互交流，一定能有更多的收获。

在踏上了电脑的学习旅程之后，也不要想着一口吃成一个大胖子，要有一个平和的心态。今天学习到一个操作是进步，明天学习了另一个操作也是一个突破，只要每天坚持学习，不久之后你就会发现自己已经能熟练地玩转电脑了。

1.1.3　按一下，打开电脑之门

打开电脑与打开电视机一样，都只需要一个按键就可以完成，这是电脑初学者必须要学的一件事情。

在打开电脑之前，首先要知道电脑分为显示器和主机两大部分，而打开电脑则需要将两者分别打开。

打开台式电脑前，首先要确认显示器和主机的电源插头是否接好，电源插板是否通电，然后再按下显示器的电源开关打开显示器，最后按下主机的电源按钮就可以了。一般情况下，主机的电源按钮是主机面板上最大的那个按钮，很好分辨。按下电源按钮后，主机面板上的指示灯变亮，电脑就开始启动了。

电脑启动之后会自动运行，屏幕上将显示一系列信息并依次切换多个画面，当看到操作系统桌面时就表示启动成功了，此时就可以开始操作电脑了。

启动电脑跟开启电视机一样简单，轻轻一按就可以了，但是在关闭电脑时，并不能简单地按关闭按钮来操作，而需要通过鼠标来执行。可以把鼠标当成电视的遥控器，先单击屏幕左下方的“开始”按钮，打开“开始”菜单后再单击“关机”按钮就可以了。

当执行了以上操作后，电脑就会停止所有程序，并退出操作系统，稍等片刻系统将会自动断开主机电源。当主机关闭后，再关闭显示器和其他外设电源，这样关闭电脑的操作就完成了。

虽然只是一个简单的开/关机操作，但学会了这一步不仅仅是迈入了学习电脑的大门，正确地开关机还能保护电脑安全。

1.2 让鼠标动起来

鼠标就像指挥电脑行动的魔法棒，它指挥着电脑进行各种活动，不管是打开一个程序还是关闭程序或电脑都离不开鼠标的操作。当你能熟练操作鼠标时，指针指向哪里，哪里就能呈现出你想要的东西，你就可以随心所欲地与电脑互动了。

1.2.1 移动你的鼠标

鼠标一般有三个键，分别是左键、右键和中键（滚轮），这三个键各有作用。

正确的鼠标操作通常是右手握住鼠标，右手的食指和中指分别放在鼠标的左键和右键上，需要单击时快速按下并弹起手指即可，需要用鼠标中键的时候，可以根据习惯使用食指或中指。

当电脑启动之后，你会发现电脑的桌面上有一个白色的小箭头，而移动鼠标时，这个白色的小箭头也会随之移动，这个小箭头就是鼠标指针，也被称为鼠标光标。

你现在要做的就是将鼠标指针移动到任何一个你希望它到达的地方。

在刚开始练习移动鼠标的时候，很多人都是整个手臂一起移动，感觉鼠标明明在桌子上移动了很长一段距离，但屏幕上的鼠标指针却只移动了一小截。不用担心，这是很多初学者遇到的第一个问题，解决这个问题的唯一方法就是时刻提醒自己保持正确的操作姿势，多多练习很快就可以熟练操作鼠标了。

1.2.2 应该这样操作鼠标

使用鼠标并不只是随意地左点点、右点点，要区分什么时候应该按哪个键，应该怎么按。指向、单击、双击、右键单击、拖动等是鼠标的基本操作，除了要熟练这些操作之外，也要牢记每一个操作的意义。

首先说“指向”，严格来说它并不能算是一个操作，因为不需要单击任何键，只需要将鼠标指针移到某个图标、按钮或文件等对象上，停留 1 ~ 2 秒就能看到提示信息。

而“单击”是鼠标指针指向某个对象后，食指按一下鼠标左键，然后马上松开，通常可以选定目标。当要选中某个对象、单击按钮或需要在文本中插入光标时，都需要用到单击操作。

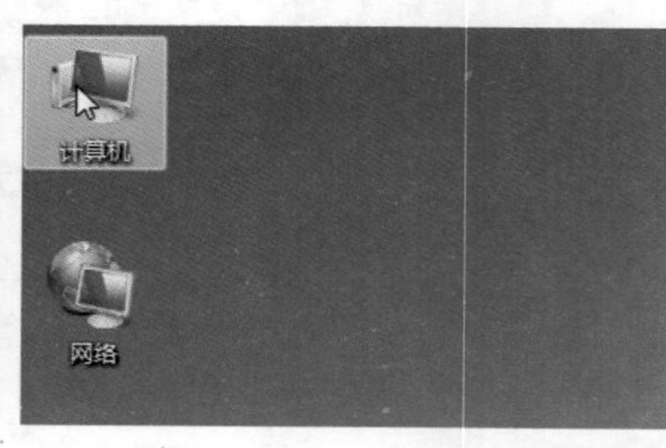

如果指针指向某个对象，快速地两次按下鼠标左键，然后又马上松开，被称为“双击”。

双击在电脑里的应用场合很多，打开程序、文件、文件夹时大多以双击来完成。执行双击操作时按下鼠标左键的速度一定要快，要不然系统就识别为两次单击操作了。

如果在执行双击操作时发现图标被移动了，可能是因为你在进行双击时鼠标移动了；如果发现图标的名称处变成了蓝色的可编辑状态，也许是你两次单击鼠标的时间间隔太长了。出现这些情况时不要懊恼，熟能生巧，多加练习就可以熟练操作鼠标了。

而牢记这些错误的操作，不仅能让你在以后不再犯错，在以后的电脑操作中如果遇到更改文件名之类的操作时，就知道两次时间间隔较长的单击可以让文件名处于可编辑状态了。

如果在按下鼠标左键时不放开食指，而是拖动鼠标，就可以让某个对象移动或框选多个对象。在拖动鼠标的过程中，按下鼠标左键的食指不能松开，将对象移动到目的地之后再松开，就可以将对象移动到新的位置了。

如果是框选，则在空白处按下鼠标左键并不放，拖动鼠标时操作界面就会形成一个以鼠标起点和终点为对角线的方框，当松开鼠标左键时，方框内的所有对象就都被选中了。

相较于鼠标左键，鼠标右键的操作比较简单，只需要单击就可以了，而单击鼠标右键常常用来打开特定的快捷菜单，如文件快捷菜单、桌面快捷菜单等。

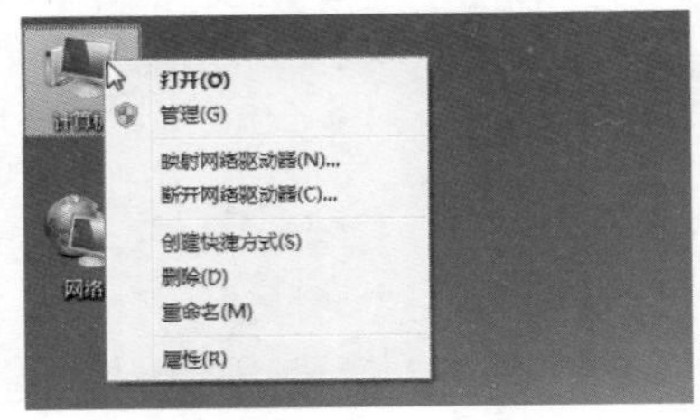

滚轮的操作常常用于滚动页面，如果屏幕中有未显示的内容，例如长文档用中指或食指前后滚动鼠标的滚轮就可以查看。

1.3 敲敲打打用键盘

键盘是电脑的输入设备，不管是聊天打字还是浏览网页都需要用键盘来输入。但是，中老年人作为业余电脑使用者，一开始并不需要牢记键盘上的每一个按键，只需要了解各个按键的大概位置，然后在使用中熟悉起来就可以了。

1.3.1 键盘是这样组成的

键盘上有很多按键，但并不是所有按键都经常用到，在学习初期还是根据自己的使用需求重点了解需要的按键吧。

按照键盘按键的功能，可以将其划分为五部分，分别是主键盘区、编辑控制区、数字小键盘区、功能键区和状态指示灯区。

主键盘区又称为打字键区，是按键最多的一个区域，主要用于输入文字、符号、数字等内容。这里也是使用最频繁的一个区域，就算不能完全记住每一个按键的位置，也应该熟悉每个按键的大概方向才能较快地录入数据。

功能键区在键盘的最上方，包括“Esc”键及“F1”～“F12”键。“Esc”键主要用于取消输入指令、退出当前环境或返回原菜单。“F1”～“F12”键在不同的软件程序中功能有所不同，这需要在以后的使用过程中慢慢熟悉。但“F1”键常用于获取软件的使用帮助信息，如果在使用软件时不知道怎样操作，此时“F1”键就派上用场了。

Esc F1 F2 F3 F4 F5 F6 F7 F8 F9 F10 F11 F12

编辑控制区在主键盘的右侧，集合了所有对指针进行操作的按键，还有一些页面操作的功能键。不过这都是比较专业的按键，在实际操作时运用并不多，只需要了解一下就可以了。

在编辑控制区的右边有一个数字小键盘区，一共有17个按键，主要用于输入数字和运算符号，而使用小键盘输入数字比使用主键盘上的数字键输入数字更快捷。

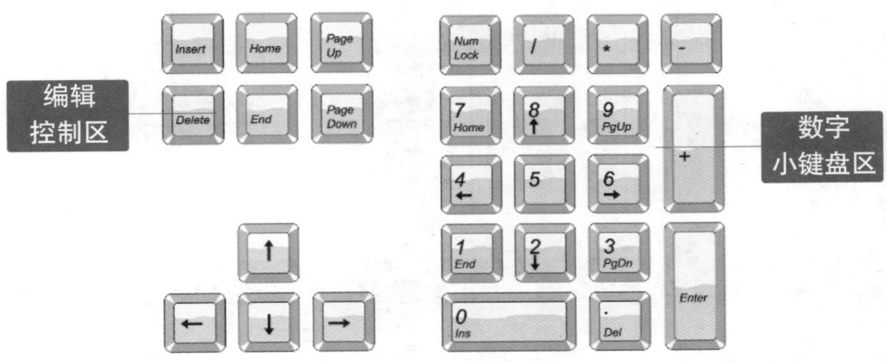

最后来看一看状态指示灯区，该区位于键盘功能键区的右侧，分别是“Num Lock”、“Caps Lock”、“Scroll Lock”，用来提示键盘的工作状态。

"Num Lock"指示灯默认为打开状态，如果要关闭可以按一下数字小键盘区的"Num Lock"键。"Caps Lock"指示灯是由主键盘区的"Caps Lock"键控制，该灯亮时表示字母键处于大写状态。"Scroll Lock"指示灯由编辑控制区的"Scroll Lock"键来控制，该灯亮时表示屏幕被锁定。

在操作键盘时，十个手指分别分配了不同的按键，如果正确掌握并执行了分配方法，可以提高录入速度。但是中老年人学习电脑本身不要求具有很快的录入速度，而在于丰富晚年生活，所以对掌握键盘的熟练程度并没有要求，只要了解即可。

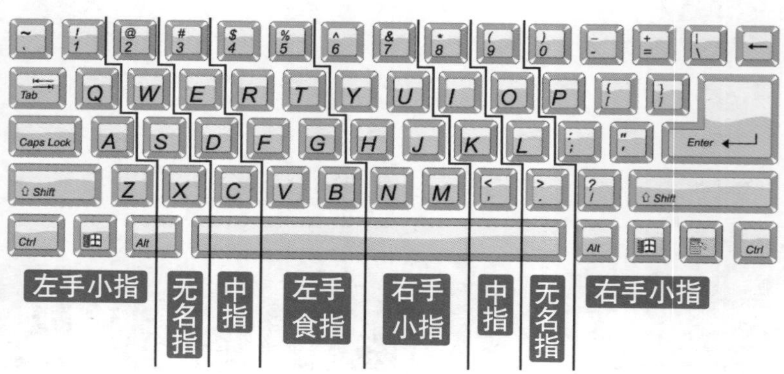

1.3.2 姿势正确才不会累

在操作电脑时，不要以为随便往电脑前面一坐就可以了，很多人坐在电脑前面容易忘记时间，如果坐姿不正确会很快产生疲惫感。正确的姿势不仅可以提高字符的录入速度，还能减轻在使用电脑的过程中产生的疲劳。

在电脑前坐下时，人体要正对键盘，腰背梃直，前胸与键盘的距离最好在 20 厘米左右。手臂放松，手腕平直，与键盘的下边缘保持 1 厘米左右的距离。

将身体正对键盘的空格键，手指弯曲后放到主键盘区上。在录入文字时，文稿放在电脑桌的左侧，这样便于一边查看文字一边输入。

对于椅子的高度，以身体坐直时眼睛可以稍向下俯视显示器为宜。

最后有一点要记住，正确的姿势只能让你在使用电脑时身体轻松一点，但最好不要连续使用电脑 1 个小时以上，每隔 1 个小时要起来走动一下，这样不仅可以缓解身体疲劳，还能让眼睛得到休息。

1.3.3 输入文字很简单

如果你要制作文档，或者需要在网上和亲人、朋友聊天，那么就得学会在电脑中打字。常见的汉字输入法有拼音输入法和五笔输入法，虽然很多人都说五笔输入法输入速度快，但是需要熟记字根后才能正确输入，而拼音输入法则只要会拼音就能

输入文字。

在输入文字之前，需要先有一个能输入文字的软件。这里就以打开记事本软件为例，介绍打开一个输入文字的平台的操作步骤。

记事本是 Windows 操作系统自带的软件，打开方法很简单，只需要依次单击左下方的“开始”按钮→“所有程序”→“附件”→“记事本”命令即可打开。

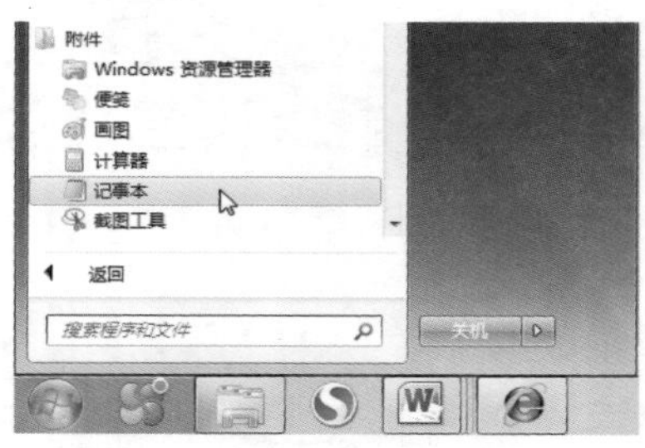

打开记事本软件之后，就可以在记事本软件里输入文字了，中老年人并不需要快速地输入文字，所以只需要学习简单的拼音输入法即可。

现在常用的拼音输入法有很多，这里以搜狗拼音输入法为例简单介绍一下如何输入文字。不要担心没有用过电脑里面的拼音输入法，只要学会了一种拼音输入法，其他的拼音输入法的原理和使用方法是基本相同的。

想要输入文字，只要按下相应的拼音字母键，而在输入过程中会显示相对应的汉字。因为汉字里的同音字很多，所以输入拼音后候选框中会列出多个汉字，此时用数字键选择即可。

例如要输入“我”字，输入拼音“wo”，在候选框可以看到“我”字的编号为“1”，此时按下空格键即可输入“我”字。

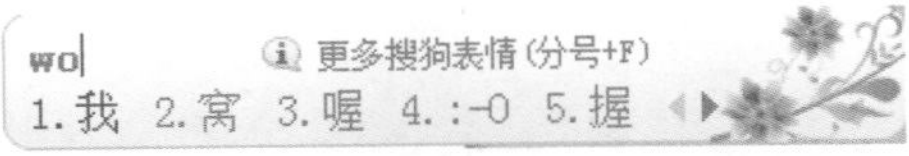

wo 更多搜狗表情(分号+F)
1.我 2.窝 3.喔 4.:-O 5.握

如果在输入拼音之后候选框内并没有需要的字，可以在候选框中单击“下一页”按钮▶翻页查找，或者按“Page Up”键或“-”键向上翻页，按“Page Down”键或“+”键可向下翻页。

除了输入单个汉字之外，搜狗输入法还可以输入词组。输入词组的方法有全拼、简拼和混拼三种输入方式。

使用全拼输入法需要按照顺序输入完整的拼音，例如想要输入“你好”这两个字，就要输入“nihao”这几个字母，然后在候选框中可看到“你好”的编号为“1”，按下数字键“1”或 “空格”键就可以将“你好”输入了。

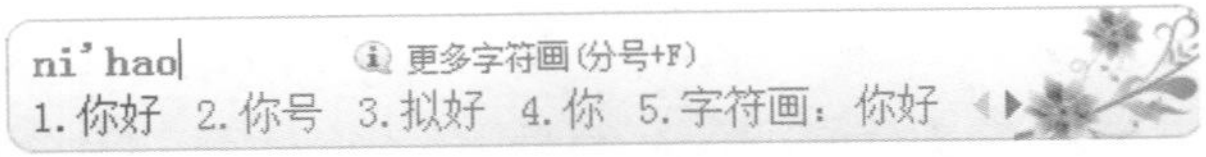

ni'hao 更多字符画(分号+F)
1.你好 2.你号 3.拟好 4.你 5.字符画：你好

而使用简拼输入法则只需要输入词组的声母或声母的首字母就可以了，比全拼输入法的输入速度快很多。例如要输入“这个”，如果使用全拼输入法要输入“zhege”，而使用简拼输入法则只需要输入“zg”，在候选框中即出现所需的汉字。

z'g 工具箱(分号)
1.这个 2.中国 3.找个 4.照顾 5.整个

混拼输入法则是综合了全拼输入法与简拼输入法，根据字、词的使用频率，在输入时部分字使用全拼，部分字使用简拼，这样可以减少击键次数和重码率，提高输入速度。例如要输入词组“中国”，可输入“zhguo”，也可输入“zhongg”。

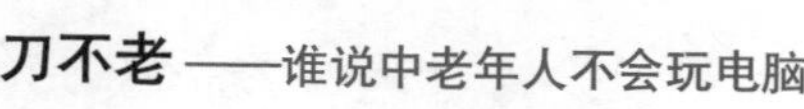

zh'guo　　工具箱(分号)
1.中国 2.找过 3.追过 4.战国 5.住过

搜狗拼音输入法具有智能记忆的功能，例如第一次输入“难过”时需要选字，下次再次输入时可以采用词组输入，输入法将自动显示出“难过”。

有的中老年朋友的拼音学得并不是很好，容易混淆某些音节，例如“你（ni）”和“李（li）”分不清。此时，搜狗拼音为这类音节单独设置了模糊音输入，只要输入“li”，候选框中会同时出现拼音为“li”和“ni”的汉字。这个功能在默认情况下是开启的，所以不需要设置，非常方便。

怎么样，现在你还觉得输入文字困难吗？在刚学习文字输入时，也许你需要十几秒，甚至几十秒才能输入一个文字，可是不要因此而灰心，输入文字可以熟能生巧，只要多加练习，熟悉了键盘的位置和文字输入的技巧，很快就可以随手输入一大段文字了。

第2章

我的电脑我做主

Windows 7是目前最流行的个人桌面操作系统之一，其界面不仅漂亮，操作起来也特别容易。

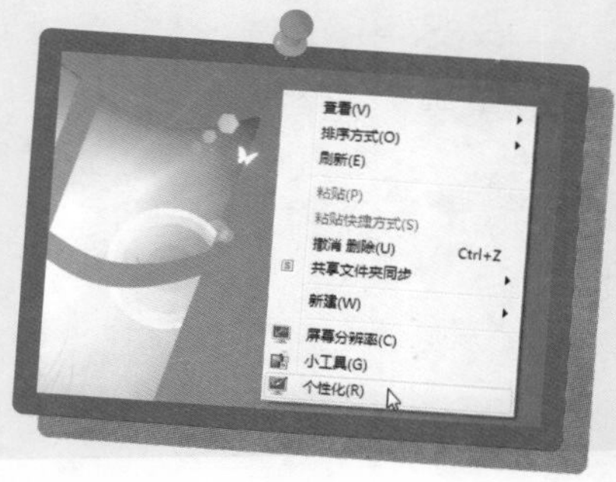

在自己的电脑里，可以把漂亮的图片设置为桌面，也可以把各种各样的文件分类放置，如果不想让别人看到你的文件，还可以设置密码保护起来。你是不是也想让自己的电脑与众不同呢？现在就开始动手，打造属于自己的个性电脑吧！

2.1 让电脑桌面更美丽

当开启电脑进入桌面时，里面的设置都是默认的，这个默认设置并不一定适合中老年人的习惯和审美观。此时，可以试着改变一下自己的电脑桌面，把桌面图标变大，把桌面背景换掉，让你的电脑桌面更美丽。

2.1.1 让桌面图标更大一点

Windows 7 的桌面图标相较于其他系统其实更大一些，但是对于某些中老年朋友来说，桌面图标仍然略显小巧，如果不戴上老花眼镜根本看不清楚。不用担心，在电脑中可以轻松地将桌面图标变大，就算视力不好看起来也毫不吃力。

改变电脑的第一个操作从改变图标大小开始，只要按照以下步骤操作，就可以轻松改变。

01 先在桌面的空白处单击鼠标的右键，弹出的菜单被称为“快捷菜单”，以后会经常用到这个词，所以要记住了。然后会发现在快捷菜单的底部有一个“个性化”命令，单击它即可。

02 之后会弹出一个“个性化”窗口，单击左下角的“显示”超链接。

03 进入“显示”窗口后，右侧窗口有“较小”、“中等”、“较大”三个选项可供选择。“较小”是图标默认的大小，如果觉得默认状态下的图标可以勉强看清楚但又不是很清楚，可以选择“中等”大小。如果默认状态下图标完全看不清楚，那就要选择“较大”选项了。此处设置为“较大”，单击“较大”选项前的小圆圈选中该选项，然后单击“应用”按钮。

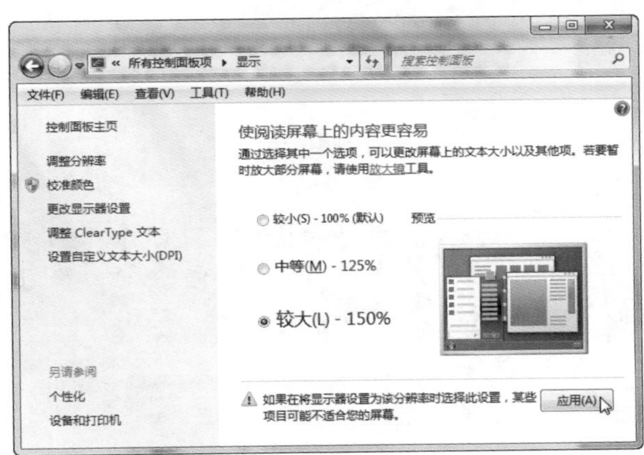

04 之后会弹出提示对话框，单击“立即注销”按钮，重新登录系统后刚才的设置才会生效。如果现在不想注销电脑，或者想下次启动电脑的时候再生效，也可以单击“稍后注销”按钮。

当重新登录系统之后，是不是发现电脑的图标变大了呢？摆脱了必须戴上老花镜才能操作电脑的困扰后，开始慢慢打造更有个性的电脑吧。

2.1.2 把漂亮的图片设置为桌面背景

Windows 7 操作系统的默认桌面是蓝色的背景，配上一个 Windows 的标志，虽然看着颇有几分清新的感觉，可是时间一长难免会觉得单调，当看腻了千篇一律的桌面后，是不是想改变一下呢？

更换桌面背景时，可以选择系统自带的图片，也可以用自己和家人的照片，还可以把在公园里拍摄的美丽花朵设为桌面背景。还在等什么？赶紧为你的电脑换上一个新的背景吧！

01 先在桌面的空白处单击鼠标的右键，在弹出的快捷菜单中单击“个性化”命令。

02 在弹出的个性化设置窗口中单击位于左下方的“桌面背景”超链接。

03 弹出的窗口中显示的是 Windows 7 自带的桌面背景，单击一张自己喜欢的图片，然后单击“保存修改”按钮，就可以把这张图片设置成为桌面背景了。

如果你喜欢多变的桌面背景，也可以选择多张图片，然后设定一个合适的时间，让桌面背景自动更换。这个操作非常简单，只需要选择你想更换的图片，然后在"更改图片时间间隔"列表下方选择一个间隔时间，再单击"保存修改"按钮就可以了。

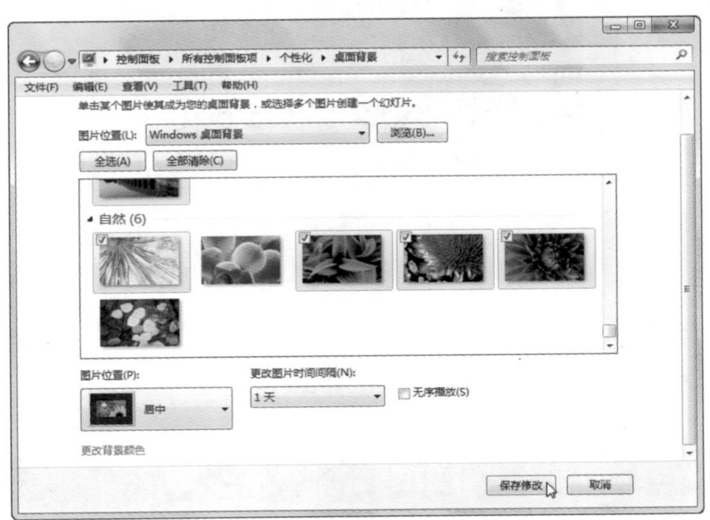

如果你并不喜欢系统自带的图片，也可以把自己拍摄的照片作为桌面背景。最简单的方法是先打开想要设置为桌面背景的图片，然后再设置一下就可以了。具体的操作步骤可以参照以下的方法。

01 打开想要设置为桌面背景的图片，例如你想要设置为桌面的图片在 F 盘的"春天的花"文件夹中，则需要依次单击"计算机"→"F 盘"→"春天的花"，然后双击图片打开。

02 打开图片后，在图片上单击鼠标右键，在弹出的快捷菜单中单击"设置为桌面背景"命令，然后关闭图片，回到桌面。此时，你就会发现自己的桌面背景已经更换成为这张图片了。

只要掌握了更换桌面背景的方法，你就可以将喜欢的图片设置为桌面背景。但是，更换桌面时要遵循一个原则，图片的构图不要太复杂，颜色不要太鲜艳，以绿色、蓝色等冷色调为主，太艳丽的色彩会让眼睛很容易产生疲劳。

2.1.3 让屏幕“吹泡泡”

很多人的电脑在开启之后如果有一段时间没有使用，电脑屏幕上就会出现活动的画面，十分漂亮。其实，这些画面并不只是为了好看，而是为了防止电脑在长时间无人操作时，显示器长期显示同一个画面而对显示器造成伤害，这些画面被称为屏幕保护。

Windows 7 自带有多种屏幕保护，可以根据自己的喜好选择。下面以为电脑设置“气泡”屏幕保护画面为例来介绍如何设置屏幕保护。

01 先在桌面的空白处单击鼠标的右键，在弹出的快捷菜单中单击“个性化”命令。

02 在打开的窗口中单击右下方的“屏幕保护程序”按钮，在弹出的窗口中的屏幕保护程序下方列表中选择“气泡”选项，然后单击“确定”按钮，屏幕保护就设置成功了。

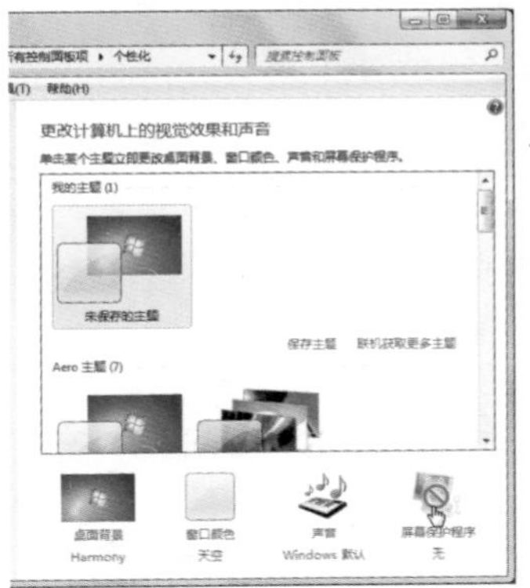

设置了屏幕保护之后，平时使用电脑时并不会出现，当电脑处于空闲状态达到设定的等待时间后就会自动进入屏幕保护。等待时间可以在“屏幕保护程序”选项里选择，一般设置为 5 ~ 10 分钟为宜。

2.2 不要让文件杂乱无章

电脑里面的所有信息都是以文件的形式存在的，无论你想要听音乐还是要看照片都涉及文件的操作。也许刚开始使用电脑时你的文件并不多，你可能觉得没有必要整理文件，可是随着电脑里的信息一天天增多，如果文件没有分类，不仅会显得杂乱无章，想要找某个文件时就不是那么容易了。所以，不要让文件杂乱无章地存在于电脑之中，现在要做的事情就是把文件分类管理。

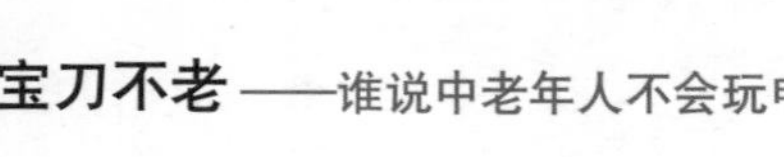

2.2.1 用文件夹把文件归类放置

在归类文件之前，首先要知道文件和文件夹分别是什么。文件是指一组信息的集合，例如声音、文本、程序，而文件夹则是管理这些信息的一种数据结构。文件夹内可以存放若干个文件和子文件夹，而每一个文件和文件夹都有一个文件名。

通俗地说，文件夹就是一个收纳箱，把家里的各种东西都放在一起，方便用的时候找出来。收纳箱里还有各种小收纳袋，里面分别用来装孙子的玩具、儿子的书、媳妇的针线，如果这些东西杂乱地散放在收纳箱里，找的时候肯定不容易。而有了收纳箱和各种小收纳袋就简单多了。

在归类文件之前，首先要先认识一下文件。一个文件的外观是由文件图标和文件名组成的，系统和用户通过文件名对文件进行管理。而文件名实际上又是由文件名和扩展名组成的，中间用“.”分隔开，例如“论文.docx”、“图片.jpg”等。

但是，在默认情况下，文件的扩展名都被隐藏了起来，只能看到图标和文件名。

认识图标以后，我们只需要看图标的样式就知道这是一个什么文件，例如图标是一个文本文件，可以用“记事本”程序打开。如果图标为，表示这是一个音频文件，可以用音频播放软件打开。

下表是一些常见的文件图标类型，在使用电脑前应该尽快熟悉它们。

文件图标	扩展名	文件类型	文件图标	扩展名	文件类型
	.txt	文本文件		.exe	可执行文件
	.htm/.html	网页文件		.jpg	图像文件
MP3 WMA	.mp3/.wma	音频文件		.rar/.zip	压缩文件
	.doc/.docx	Word 文档		.xls/.xlsx	Excel 文档

在归类文件之前，需要先新建文件夹，以便将不同用途的文件分别保存到不同的文件夹中。新建文件夹的方法如下。

01 双击“计算机”图标打开“计算机”窗口，然后再双击要新建文件夹的目录，如“F 盘”。进入之后，单击窗口工具栏中的“新建文件夹”按钮即可创建一个新的文件夹。

02 执行以上操作之后，窗口中就会出现一个新的文件夹，并自动命名为“新建文件夹”，用键盘输入想要命名的文字后，按“Enter”键就可以了。

新建文件夹还有一个方法，可以先打开要创建新文件夹的窗口，然后在空白处单击鼠标右键，在弹出的快捷菜单中选择“新建”→“文件夹”命令就可以了。

终于迈出了整理文件的第一步，现在想一想有哪些文件需要归类整理呢？多新建几个文件夹，让文件各归各家吧。

2.2.2 移动和复制文件夹

新建好文件夹之后，需要通过复制、剪切、粘贴等操作将各个文件归类到相应的文件夹中。虽然这是一个简单的操作，但在此操作之前必须先要对文件或文件夹进行选定操作。

选定单个文件很简单，只要用鼠标单击该文件就可以了，而选定与非选定的区别在于，文件被选定之后默认以浅蓝色的背景显示。

选定单个文件比较简单，可是，有时候也需要选定多个文件来进行复制，此时就需要用到以下几种方法。

- 鼠标框选：此方法用于选择某个矩形区域内的文件。具体操作是将鼠标指针指向需要框选的文件的外侧空白处，按下鼠标左键并拖动鼠标，当拖动出的方框包含所有需要选择的文件时释放鼠标左键即可。
- 选定连续文件：先单击要选定连续文件中的第一个文件，然后按下“Shift”键不放，再单击连续文件中的最后一个文件，最后松开“Shift”键即可。
- 选定非连续文件：按住“Ctrl”键不放，然后分别单击需要选择的文件，最后松开“Ctrl”键即可。

学习了选定文件的方法之后，就可以开始学习整理文件的操作了。

整理文件遵循同类文件集中放置的原则。例如老伴、孙子、自己听的音乐分别新建一个文件夹放置，然后再把这几个文件夹统一放在另一个文件夹里，命名为“音乐”，这样要找音乐文件时就会方便很多。

整理文件时可以复制文件，就是指创建一个与被复制文件相同的文件，以作为备份或给他人使用；也可以剪切文件，就是指把文件转移到其他位置存放。复制与剪切的区别在于，复制文件之后，原文件依然存在；如果剪切文件，则原文件将被删除。

先来看一下复制文件的具体操作方法。

01 先选定一个或多个需要复制的文件，然后在被选定的文件上单击鼠标右键，在弹出的快捷菜单中单击“复制”命令。

02 完成“复制”操作后，再打开需要创建文件副本的文件夹，在窗口的空白处单击鼠标右键，在弹出的快捷菜单中单击“粘贴”命令。

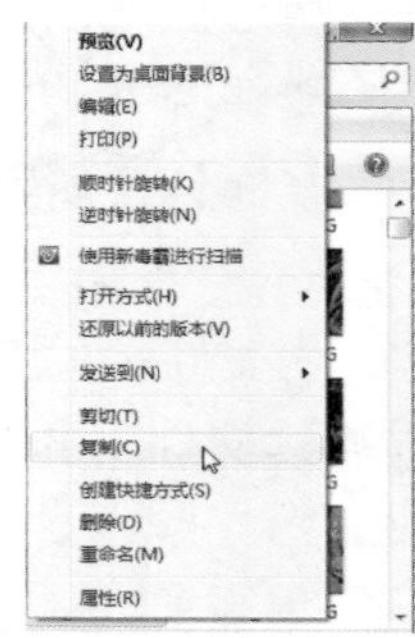

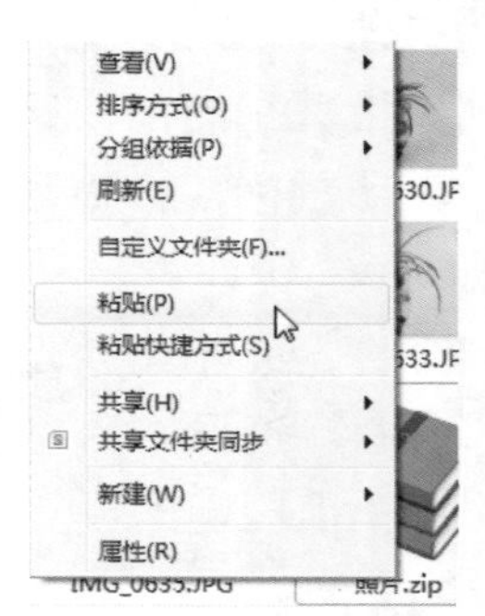

03 复制文件所需的时间与被复制的文件大小有关，稍等片刻之后，在新建的文件夹内就有一份相同的文件了。

如果想要将文件转移到其他的位置存放，就要进行剪切操作了，具体的操作步骤如下。

01 选定需要进行剪切操作的文件，在被选定的文件上单击鼠标右键，在弹出的快捷菜单中单击“剪切”命令。

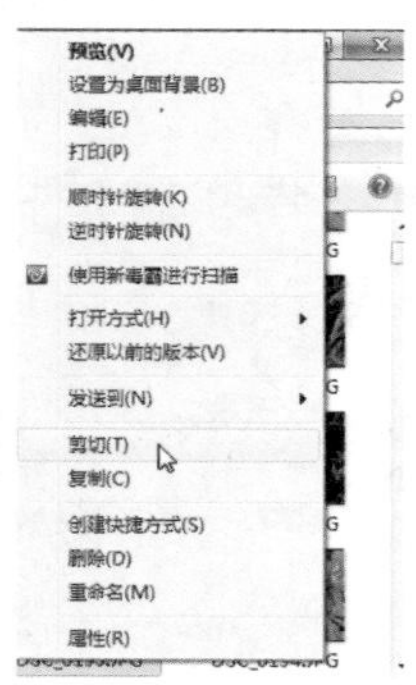

02 完成“剪切”操作后，再打开存放文件的新文件夹，在窗口空白处单击鼠标右键，在弹出的快捷菜单中单击“粘贴”命令，稍等片刻文件就被转移到新的位置了。

在进行复制、剪切、粘贴操作时，如果想更快速操作，还可以使用组合键。

所谓组合键就是用键盘上的两个及两个以上的按键进行操作，例如复制文件的组合键是“Ctrl+C”。具体的操作是先按住“Ctrl”不放，再按“C”键，复制的过程就完成了。然后要记住剪切的组合键是“Ctrl+X”，粘贴的组合键是“Ctrl+V”。

在熟练使用了组合键之后，整理文件的速度是不是越来越快了？那么再接再厉，相信用不了多久，你的电脑里的文件都会变得井然有序了。

2.2.3 换一个名字更好听

把文件重新整理之后，文件和文件夹的名字是不是需要改一下？你可以为文件重命名，例如改成与内容相符的文件名，也可以用一些毫不相关的名字来掩人耳目，让人看到文件夹的名字时完全猜不到里面的内容。

无论改成什么名字，首先要知道如何更改文件名，具体的操作步骤介绍如下。

01 选定需要重命名的文件或文件夹，在被选定的对象上单击鼠标右键，在弹出的快捷菜单中单击“重命名”命令。

02 此时文件名就变为可编辑状态，在文件名文本框中输入新的名称，然后按“Enter”键，或者用鼠标单击窗口空白处即可。

还有一个更简便的方法，先选定需要重命名的文件或文件夹，然后用鼠标单击文件名处，文件名就会变为可编辑状态，再输入新的文件名即可。

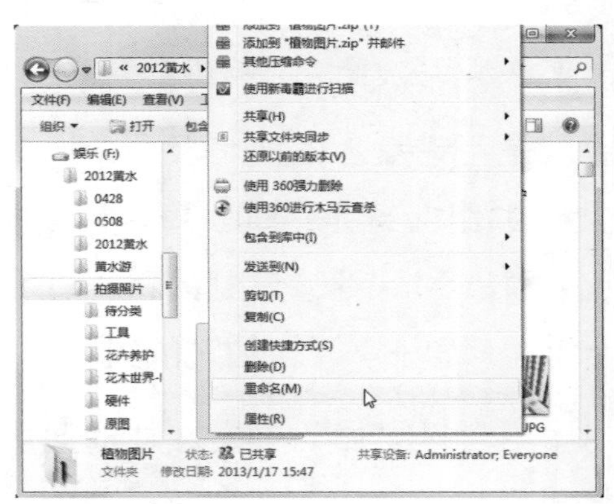

更换了新的文件名之后，电脑里的资料就一目了然了，这样管理起来更加简单了。那么现在就把需要重命名的文件都改成醒目的名字吧，这样不管是自己还是他人使用电脑时都不会因为查找资料而浪费时间了。

2.2.4 把删掉的文件找回来

每个人的电脑里或多或少都有一些不需要的文件，也有已经有备份不需要再保存的文件，这些文件占据着电脑的硬盘空间，让硬盘的可用空间越来越小。此时，你可能需要删掉一些已经不需要的文件，为其他的文件腾出空间。

删除文件很简单，只需要在被选定的文件上单击鼠标右键，在弹出的快捷菜单中单击“删除”按钮，然后会出现一个确认删除的对话框，单击“确定”按钮就可以了。

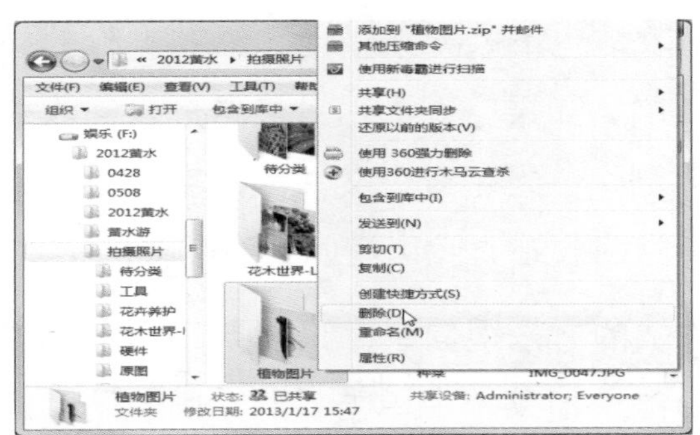

如果想用键盘删除文件，可以在选定文件后，按键盘上的“Delete”键，即可执行删除操作。

但是，删除时难免会犯错，如果把重要的文件删除了怎么办？不要担心，在错删文件后，还有一个补救的机会，可以把删除的文件找回来。

文件被删除之后会暂时存放在回收站中，这是一个特殊的文件夹，为误删的文件提供了一种补救措施。恢复回收站中被误删的文件方法如下。

01 双击桌面上的“回收站”图标，打开“回收站”窗口后可以查看被删除的文件。

02 右键单击需要还原的文件，在弹出的快捷菜单中单击“还原”命令，该文件就会被放回到被删除前的文件夹中了。

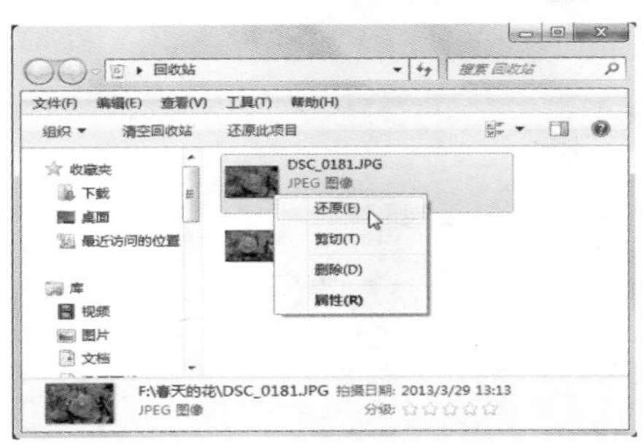

但是，回收站也不能无限量地容纳被删除的文件。回收站的容量是固定的，如果空间不足，最早进入回收站中的文件就会自动被永久删除。为了避免文件因为空间不足而无法恢复，还需要定期清空回收站，腾出空间给有需要的文件。

清空回收站的方法很简单，只需要用右键单击“回收站”图标，在弹出的快捷菜单中单击“清空回收站”命令，然后在弹出的确认删除对话框中单击“是”按钮就可以了。

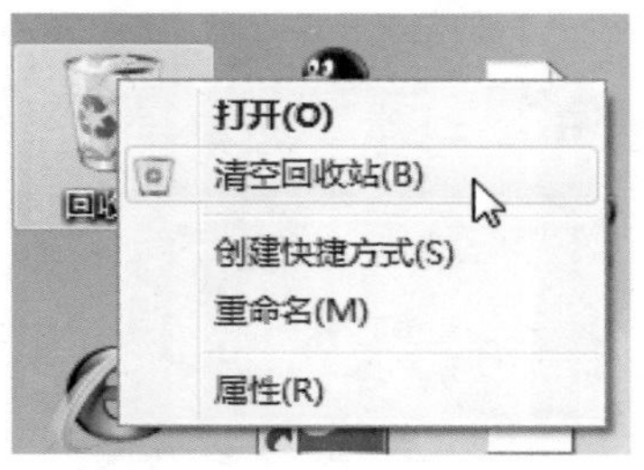

如果不需要完全清空回收站，而只是删除回收站里的某些文件，也可以在打开回收站之后，在不再需要的文件图标上单击鼠标右键，在弹出的快捷菜单中单击“删除”命令，然后在弹出的确认删除对话框中单击“是”按钮。

有了回收站，再也不用担心不小心误删除电脑里的文件了。如果哪一天发现自己的文件不在了，也可以去回收站中找一找，看一看是不是被自己的孙子不小心删掉了。

2.3 电脑里的隐私之地

如果你的家里只有一台电脑，而使用电脑的人又不止一个时，是不是觉得自己的隐私得不到保障呢？

如果你想有自己的隐私之地，那么各种隐藏文件或文件夹的方法你一定要学。给电脑加锁的方法很多，只要学会几种简单的方法，就可以轻松保障自己的隐私安全。

2.3.1 给文件加一把锁

如果你在一个文档里记录了不想让别人看到的秘密，可以选择给文件加一把锁。这样，在打开文档的时候会被要求输入密码，只有输入正确的密码才能打开文档，不知道密码的人则无法打开。

给文件加锁的具体操作步骤如下。

01 先打开需要设置密码的文件，然后分别单击“文件”→“另存为”命令。

02 在弹出的“另存为”对话框中单击“工具”按钮，在弹出的下拉菜单中单击“常规选项”命令。

03 在弹出的“常规选项”窗口中就可以为文档设置密码了。在这里可以设置两种密码，一种是打开文件时需要的密码，另一种是修改文件时需要的密码，可以单独设置，也可以同时设置。设置完成后单击“确定”按钮，文件的密码就设置完成了，这把锁也就加好了。

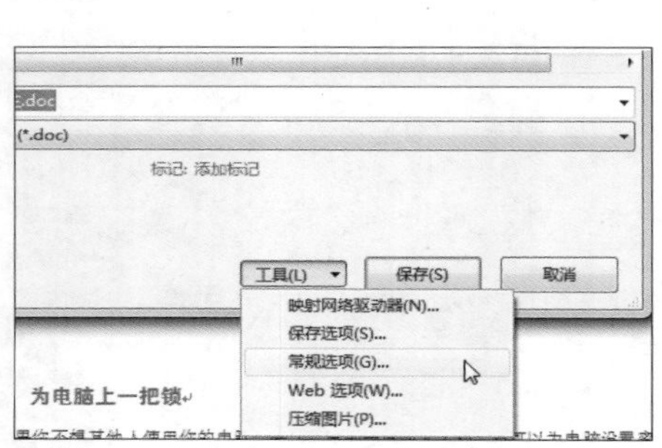

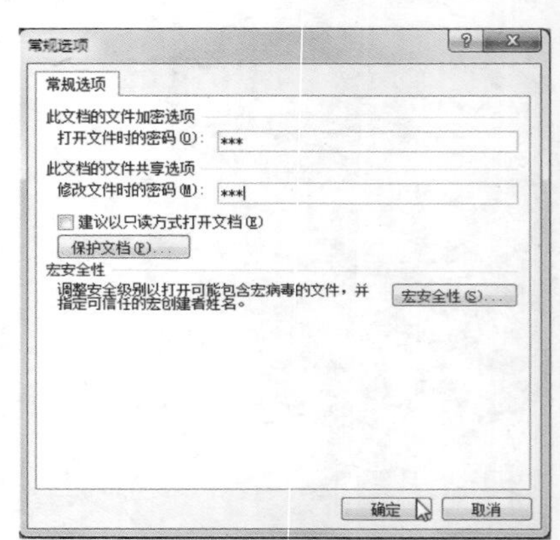

密码的设置不能过于简单，以免被别人猜到，可是如果你的记忆力不是特别好，最好也不要设置过于复杂的密码，要不然自己也忘记了。

2.3.2 把重要的文件藏起来

给文件上锁固然可以防止别人偷看你的秘密，可是别人只要知道你的文档设置了密码，就知道你有一个秘密。有一种方法可以让文件隐藏起来，让别人根本看不到。看不到的秘密也就不用担心有人惦记了。

隐藏文件和文件夹的方法是一样的，具体步骤介绍如下。

01 选中需要隐藏的文件，单击鼠标右键，在弹出的快捷菜单中单击“属性”命令。

02 在弹出的“属性”窗口中勾选“隐藏”选项，然后单击“确定”按钮。如果是隐藏文件，在此处操作就完成了，如果是隐藏文件夹，则需要进入下一步操作。

03 在弹出的“确认属性更改”对话框中选择是否隐藏该文件夹中所有的子文件夹和文件，选择之后单击“确定”按钮即可。

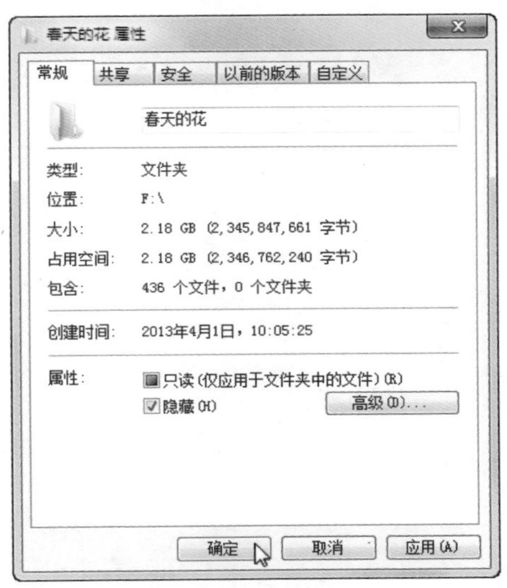

现在再看一看那个文件夹是不是消失了？现在再也不用担心有人觊觎你的秘密了。

可是，文件夹消失了，自己想要打开时怎样才能找到呢？不要慌，当然有办法将消失的文件夹显示出来，接下来就介绍显示隐藏文件夹的方法。

01 打开“计算机”窗口，依次单击“工具”→“文件夹选项”命令。

02 在弹出的“文件夹选项”窗口中单击“查看”选项卡，在高级设置中找到“隐藏文件和文件夹”选项，勾选“显示隐藏的文件、文件夹和驱动器”选项，然后单击“确定”按钮即可。

现在再看一看，刚才被隐藏的文件和文件夹是不是重新回到你的视线中了？只是被隐藏文件和文件夹以略浅的颜色显示以示区别。

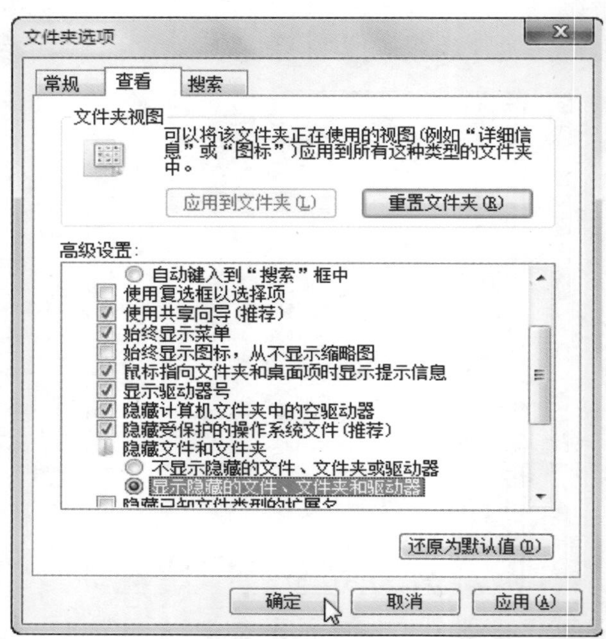

当查看了被隐藏的文件或文件夹后，想要再次将文件夹隐藏时，只需要再次进入"文件夹选项"窗口中，勾选"不显示隐藏的文件、文件夹和驱动器"选项就可以再次隐藏了。

如果要永久取消隐藏的文件和文件夹，就需要再次进入文件的"属性"窗口，取消勾选隐藏选项即可。

隐藏文件的方法并不难，很多年轻人都知道，有心人只要按步骤操作就能看到你隐藏起来的秘密。也许，为文件设置密码之后再隐藏文件是一个不错的选择。

2.3.3 为电脑加一把锁

如果你不想其他人使用你的电脑，除了严肃地告诫他人之外，还可以为电脑设置登录密码，这样就相当于为电脑加了一把锁。为电脑上锁的步骤如下。

01 先单击电脑桌面左下方的“开始”按钮，在弹出的“开始”菜单中单击“控制面板”命令。

02 在弹出的“控制面板”窗口中找到“用户账户”选项，单击即可。

03 弹出“用户账户”窗口，单击上方的“为您的账户创建密码”超链接。

04 在打开的“创建密码”窗口中输入新密码，然后在下方的“确认新密码”文本框中再次输入密码以确定输入正确。输入完成后，单击“创建密码”按钮，密码就设置成功了。

设置好密码之后，再次打开电脑时就会提示输入密码，输入正确就会按正常程序进入桌面，如果不知道密码则只能“望脑兴叹”了。

不过，如果你的记忆力不是很好，可以用一个笔记本记录下密码，避免自己想用电脑时却忘记密码的尴尬。

2.4 使用系统小工具

系统里的东西包罗万象，其自带的很多小工具可以使你的生活更轻松。系统自带的小工具很多，而且使用方法都很简单，只要掌握了其中几种小工具的使用方法，举一反三就能使用其他的小工具。

下面介绍两个操作系统自带小工具的使用方法，这两个小工具对于中老年朋友来说比较实用，而且用得比较频繁，学习之后会给你的生活带来一定的帮助。

2.4.1 用计算器程序算账

当你的计算器被孙子当成玩具藏起来，你又急着要算账怎么办？是“威逼利诱”让他拿出来，还是自己到处寻找？

当你有了电脑之后，这个问题就迎刃而解了。操作系统里内置了计算器小程序，打开电脑就可以轻松算账，再也不用整天为找计算器而烦恼了。使用系统自带计算器程序的方法介绍如下。

01 单击电脑桌面左下角的“开始”按钮，在弹出的“开始”菜单中依次单击“所有程序”→“附件”→“计算器”命令就可以启动计算器程序。

02 在计算器中输入数字和运算符号，可以用鼠标单击按钮输入，也可以按键盘上的数字键输入，输入完成后单击“=”按钮，或者按下键盘上的“Enter”键都可以得出计算结果。

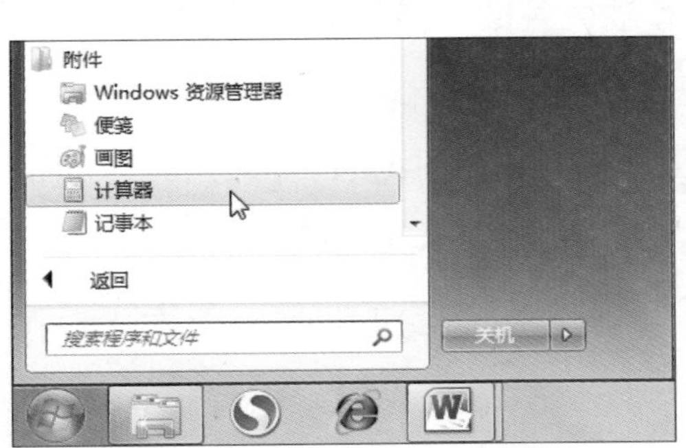

一开始打开的计算器默认为标准型，只能进行简单的运算，如果想要进行更复杂的运算则需要转换为专业型计算器。

将标准型计算器转换为专业型计算器的方法很简单，只需单击计算器左上方的“查看”按钮，在弹出的菜单中单击需要转换的计算器类型，如“科学型”，选择之后你的计算器就可以进行复杂的数学运算了。

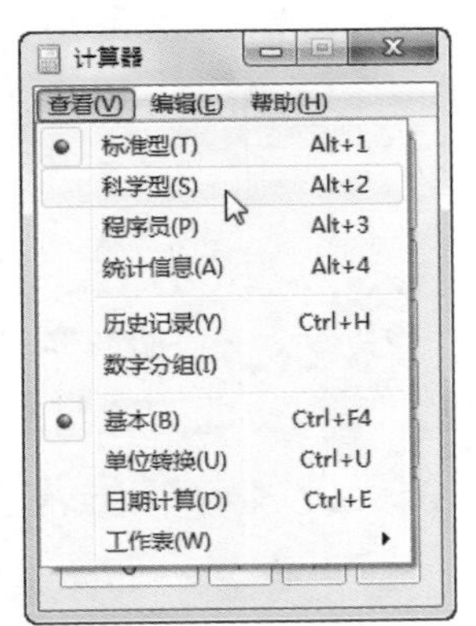

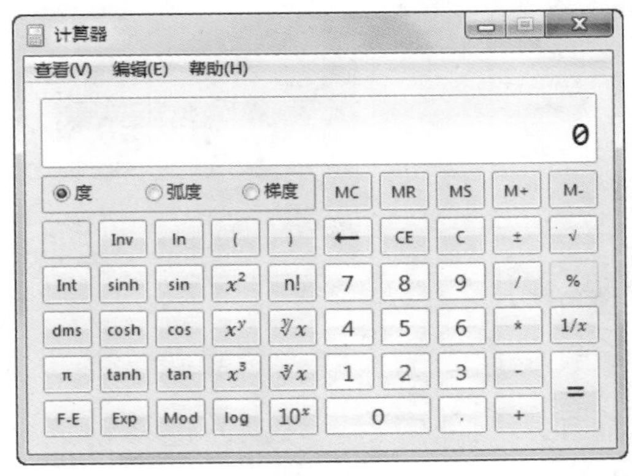

有了这个计算器小工具，再复杂的数字运算也不用担心了，更不用担心计算器再次失踪，在电脑里打开计算器比在整个房间里找简单多了。

2.4.2 用放大镜解放你的眼睛

有的中老年朋友视力并不好，家中常备有放大镜用来读书看报，可是如果电脑上的字太小了用什么来看呢？整天举着一个放大镜对着显示器看也不方便，应该怎么办呢？

电脑的实用性在这时就被充分地体现出来了，在电脑的附件里，为中老年朋友准备了电子版的放大镜。只要打开放大镜，电脑上的小字可以随意放大到你想要的程度，下面就来看一看这个电子放大镜怎么用。

01 单击电脑桌面左下角的“开始”按钮，在弹出的“开始”菜单中依次单击“所有程序”→“附件”→“轻松访问”→“放大镜”命令，弹出放大镜。

02 启动放大镜后就可以看到屏幕上的所有东西都变大了。放大镜默认视图为“全屏”，放大比例为“200%”，如果要更改放大比例，只要单击“放大”或“缩小”按钮即可。

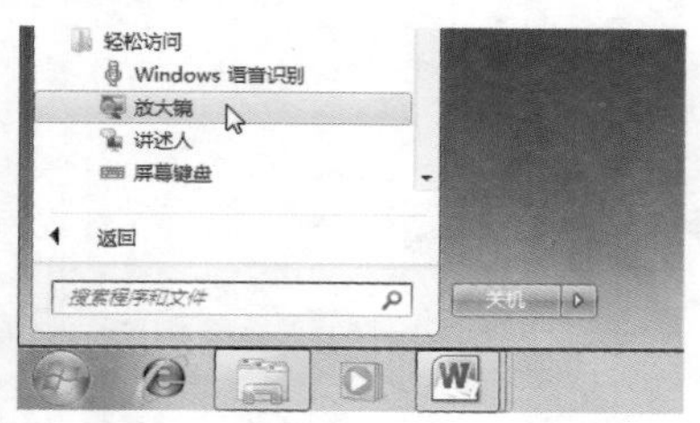

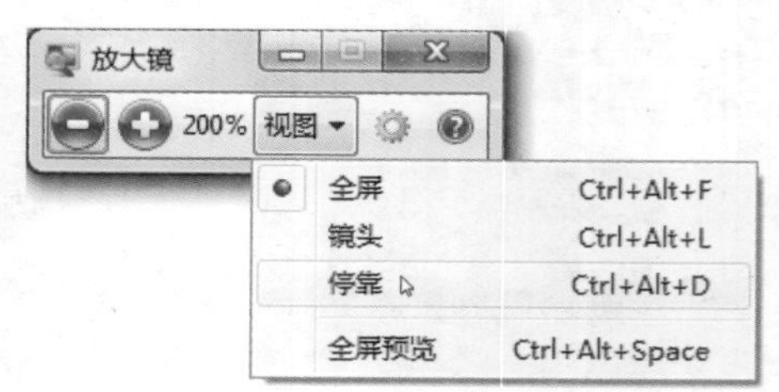

只要启动放大镜，屏幕就会放大显示。因此，此时屏幕上只能显示局部内容，可以通过移动鼠标来观看没有显示的区域。

在查看电脑屏幕时，放大镜操作界面会变成一个放大镜的图形，如果要更改放大镜的视图，可以单击放大镜图形，然后再单击“视图”按钮，在弹出的菜单中选择需要的视图方式。

第3章

步入精彩的网络世界

以前，人们通过广播听世界，有了电视之后，人们通过电视看世界，而自从有了网络之后，世界变得更加精彩了。

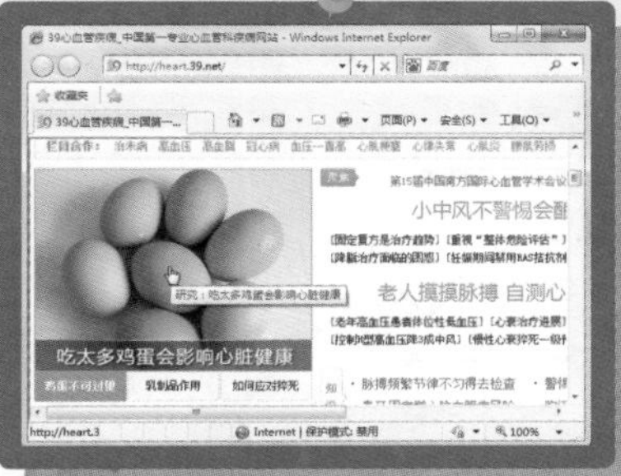

目前，网络无疑是新闻传播最快的媒介，也是资料最齐全的百科全书，只要学会使用网络，你将拥有一个精彩的网络世界。

3.1 开启网络的钥匙——浏览器

在步入网络世界之前，首先要认识浏览器，这是开启网络世界的钥匙。因为在上网中最重要和基本的操作是浏览网页，网页包括了文字、图片、音乐、视频等多媒体信息，而浏览这些信息除了需要将电脑连接到网络，还需要必不可少的软件——浏览器。

将电脑与网络连接这件事自然有宽带公司和子女为你办妥，而Windows 7自带的IE浏览器早已在电脑桌面上等待你的点击。那还等什么，现在就来打开精彩的网络世界吧。

3.1.1 用IE浏览器看养生网站

养生是中老年人群中一个永恒的话题，一般会通过看书、读报、看电视来获取养生知识。如果你已经不满足从这些渠道获取养生知识，不妨将目光放到网络上，在养生网站上一定可以找到让你满意的答案。

想要浏览养生网站，必须先学会打开浏览器，打开浏览器的方法很简单，常用的有以下几种，可以自行选择。

- 单击任务栏中的IE按钮启动。
- 双击桌面上的IE快捷图标启动。
- 单击电脑桌面上的“开始”按钮，然后在弹出的“开始”菜单中单击“Internet Explorer”命令启动。

打开浏览器之后，就可以开始浏览网页了。想要浏览某个网站，必须要先知道网址，下面就以“39健康”网为例，介绍一下如何打开网页学养生。

01 首先，需要打开IE浏览器，然后单击地址栏定位光标，再输入“39健康网”的网址（www.39.net）。

02 输入网址后，可以单击“刷新“按钮，或是按键盘上的“Enter”键，就可以打开网页了。

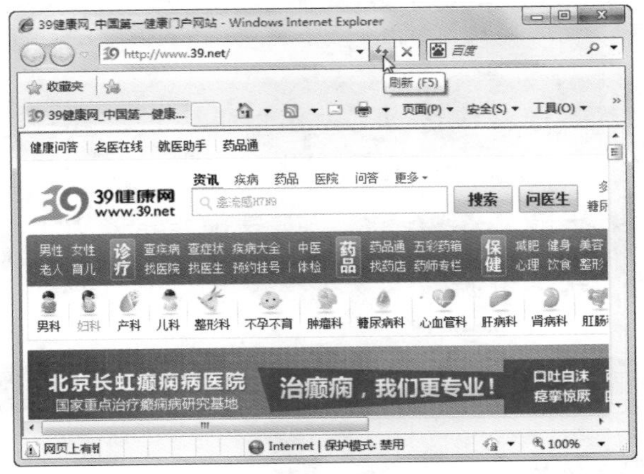

03 网页上有很多栏目，一时之间肯定不能全部浏览，此时可以选择一个感兴趣的类别来查看。例如想要看心血管疾病相关的知识，就单击下方的“心血管科”超链接。

04 在打开的网页中就是有关心血管疾病的相关知识介绍了，但这只是一个标题，想要看内容，还需要进入正文。无论是文字标题还是图片标题，都是一个超链接，单击就可以进入了。

提示 超链接是指从一个网页指向一个目标的连接关系。在一个网页中用来作为超链接的对象，可以是一段文本或者是一张图片。文字有超链接时通常会带有下画线，将鼠标指针指向超链接时指针会变为小手形状。

05 单击了标题超链接之后，就可以进入正文看与之相关的内容了。

类似的养生网站还有很多，而且现在很多门户网站也有健康养生专题，学习资源很多，找出来慢慢学习吧。

3.1.2 把网站放进收藏夹

每个网站的网址都是由一串字母、数字、符号等代号组合而成的，是不是觉得每一次进入网站都要输入网址是一件很麻烦的事情？有一种便捷的方法可以免除这种麻烦，那就是将网站放到收藏夹里，这样既简单又方便。

收藏网站用的收藏夹与平时用的文件夹差不多，把网址集中放在一个文件夹中，要用的时候找出来直接单击就可以了。

下面就介绍如何把“39健康网”放到收藏夹。

01 想要收藏一个网站，第一步是要先打开这个网站，所以先按照前面学习的方法把“39健康网”打开，然后单击“收藏夹”按钮。

02 在弹出的窗格中单击“添加到收藏夹”按钮。

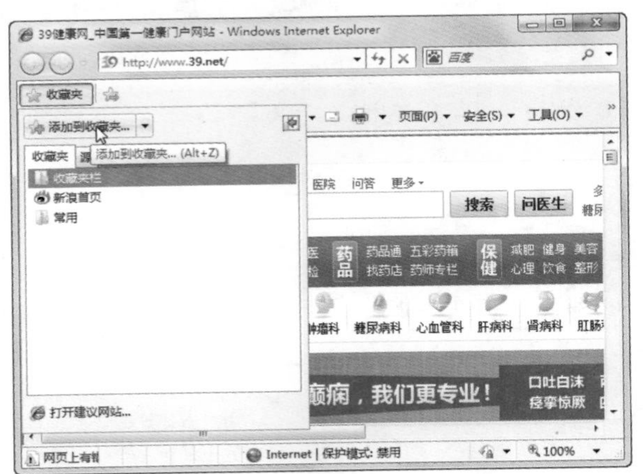

03 弹出“添加收藏”对话框，单击“添加”按钮就完成了网站的收藏。“名称”文本框中默认为网站的名称，如果想自己更改为一个喜欢、更易懂的名字也可以，直接输入就行了。

将网站收藏之后，肯定还需要学习怎样才能访问收藏的网站。其实访问收藏的网站很简单，只要单击“收藏夹”按钮，在弹出的列表中就可以看到所收藏的网站，单击网站名就可以快速访问网站了。

如果收藏的这个网站你已经很少打开了，使用频率极低，也可以删除它。方法是打开收藏夹之后，找到要删除的网站，然后右键单击网站名称，在弹出的快捷菜单中单击“删除”命令即可。

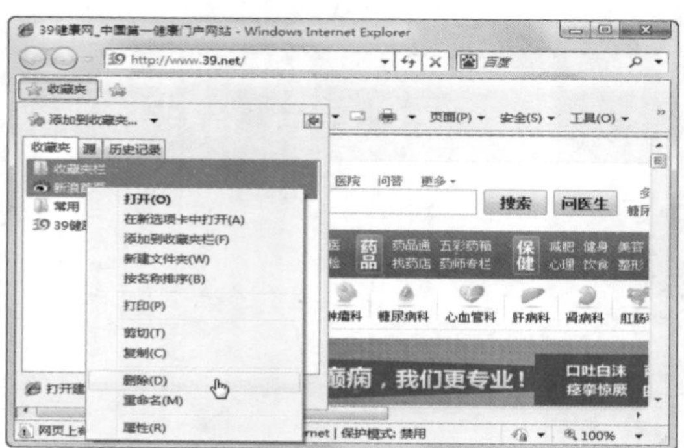

随着收藏的网站一天天增多，收藏夹里已经变得杂乱无章，各种类型的网站混合在一起找起来十分困难，那么就需要整理收藏夹了。

除了将不常用的网站删除之外，还可以建立文件夹将其归纳分类，例如将养生的网站放在一个文件夹中，再把看新闻的网站放在另一个文件夹中，这样找起来方便多了。

将文件夹分类整理的方法如下。

01 先开打收藏夹，在任意网址或收藏夹里的文件夹上单击鼠标右键，在弹出的快捷菜单中单击“新建文件夹”命令。

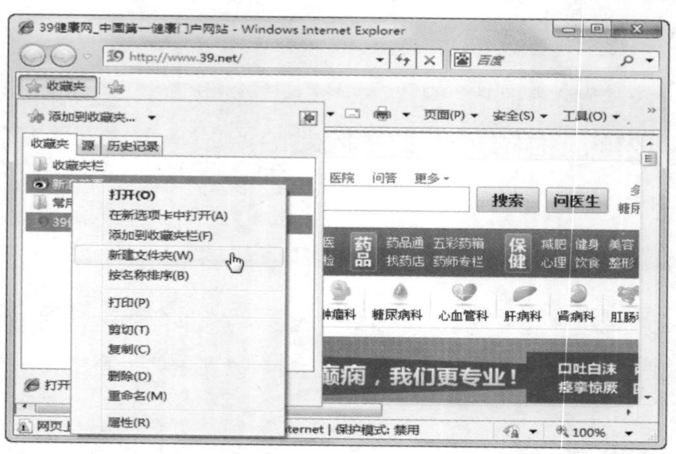

02 为文件夹重命名，方法与为普通文件夹重命名相同。单击选择想要放进文件夹里的网站链接，然后按着鼠标左键，注意鼠标左键按下之后就不要松开，把网站的超链接拖动到文件夹中。例如将网站超链接拖动到“养生”文件夹，此时就会显示“移动到养生”的提示，此时松开鼠标左键就会发现网站的超链接被移动到文件夹里了。

如果收藏的网站类别特别多，可以多新建几个文件夹，各自分类之后就再也不会为找不到想要的网站而发愁了。

3.1.3 回顾之前的精彩网站

你有没有遇到无意之中看到一个不错的网站，想收藏又不小心关掉的情况？其实这个网站是可以找回的，而且找回的方法还很简单。

当你访问一个网站时，电脑就会自动记录下这个网站，就算关闭电脑之后记录也仍然存在。现在，就把消失的网站找出来，具体步骤如下。

打开IE浏览器，然后打开收藏夹，单击“历史记录”选项卡，这里保存着最近几周浏览过的网站。选择一个日期，例如星期一，然后就可以在其中寻找到丢失的网址。

当然，并不是以前所有浏览过的网站都可以在历史记录里找到，IE 默认设置的历史记录的保存天数为 20 天，超过 20 天历史记录就会被自动删除。

如果你想让历史记录保存得更短或更久一些，也可以通过一些简单的设置来完成，具体操作步骤介绍如下。

01 打开 IE 浏览器，单击右上方的“工具”按钮，打开“工具”菜单后单击“Internet 选项”命令。

02 弹出“Internet 选项”对话框，单击“浏览历史记录”栏中的“设置”按钮。

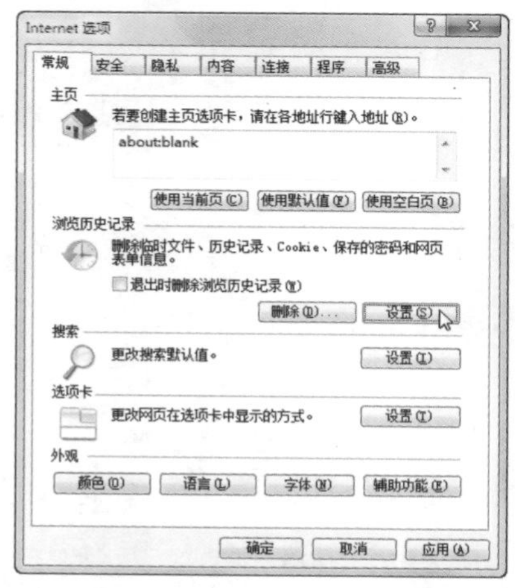

03 在弹出的“Internet 临时文件和历史记录设置”对话框下方的“历史记录”栏中可以看到默认的历史记录保存天数为 20 天，在此输入需要设置的保存天数，然后单击“确定”按钮就可以更改历史记录的保存时间了。

虽然历史记录的保存天数可以更改，但是时间越久的历史记录寻找起来就越困难，需要有耐心和细心才能找到。所以遇到好的网站时，最好及时放到收藏夹内，以免遗失。

3.1.4　将有用的资料留在电脑里

如果你在网站上查询到一些有用的信息，想要保存下来，除了将网页放到收藏夹里之外，还有一个更方便的方法，那就是将这些资料保存在电脑里。将资料保存在电脑里之后，再次查看资料时不需要打开网页，打开保存的信息文件即可。

常见的网页信息包括文字、图片、音乐、视频，因为音乐和视频信息的保存需要下载操作，比较复杂，这里先不讲解，先介绍怎样把文字和图片信息留在电脑中。

首先是文字信息，可以将其复制之后粘贴在文字处理软件上，比较方便的文字处理软件首推“记事本”，把文字信息保存到“记事本”的具体方法介绍如下。

01　当看到想要保存的网页文字信息时，先选中文字，然后单击鼠标右键，在弹出的快捷菜单中单击“复制”命令。

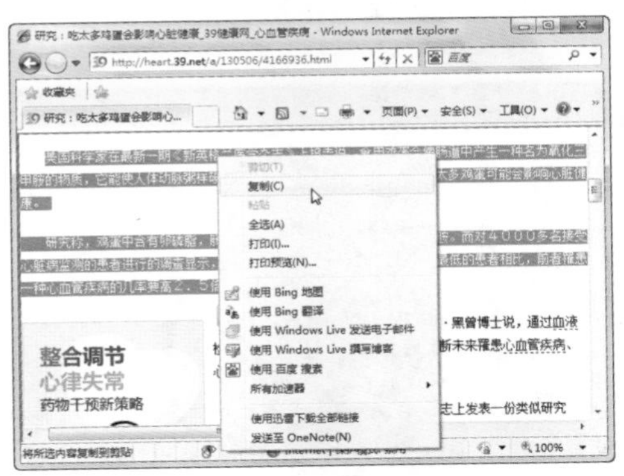

提示　选中文字的方法是：在需要选中的文字前按下鼠标左键不放，然后拖动鼠标到需要选中的文字末尾，这时会发现文字背景变为蓝色，蓝色部分即为选中的文字。

02 依次单击“开始”按钮→“所有程序”→“附件”→“记事本”命令，打开记事本程序，在程序中单击鼠标右键，在弹出的快捷菜单中单击“粘贴”命令。

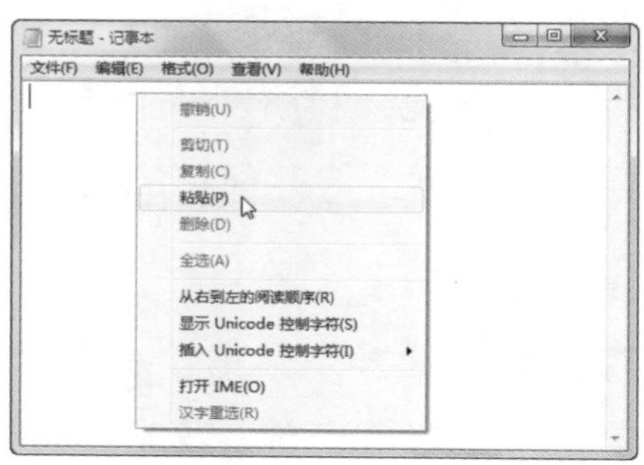

03 网页中被选中的文字已经被复制到“记事本”中了，但这只是暂时记录，要永久保存还需要进行保存操作。先单击记事本中的“文件”菜单 ，在弹出的下拉菜单中单击“保存”命令。

04 此时，会弹出一个“另存为”对话框，在这里可以设置文件的保存位置和名称，设置完成后单击“保存”按钮，文件就被永久保存在电脑里了。

如果要保存图片信息，操作则要简单一些，具体方法如下。

01 在需要保存的图片上单击鼠标右键，在弹出的快捷菜单中单击“图片另存为”命令。

02 在弹出的“保存图片”对话框中选择文件的保存位置，并为图片命名，完成后单击“保存”按钮，图片就保存在电脑里了。

无论在保存文字信息还是图片信息时，都需要设置保存位置，此时“保存图片”对话框左侧会列出计算机中的各个硬盘名称，单击需要保存的位置即可选择。

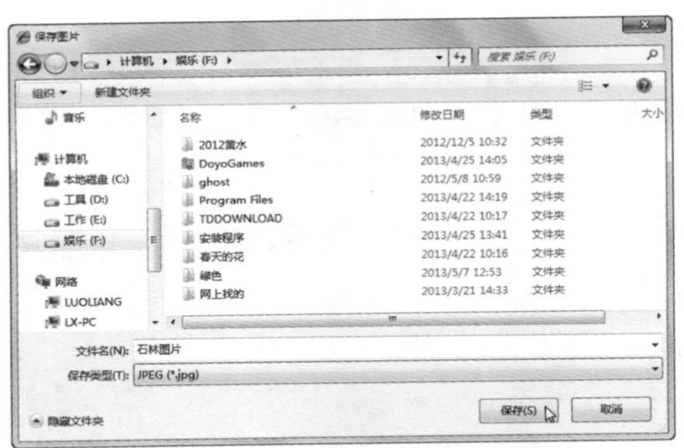

但是，很多网页是图文并茂的，如果只保存网页中的文字或图片会展现不出网页图文并茂的效果，此时也可以将图片和文字同时保存，具体操作步骤介绍如下。

01 打开需要保存的网页，单击工具栏中的“页面”按钮，在弹出的下拉菜单中单击“另存为”命令，在弹出的“另存为”对话框中设置保存信息。

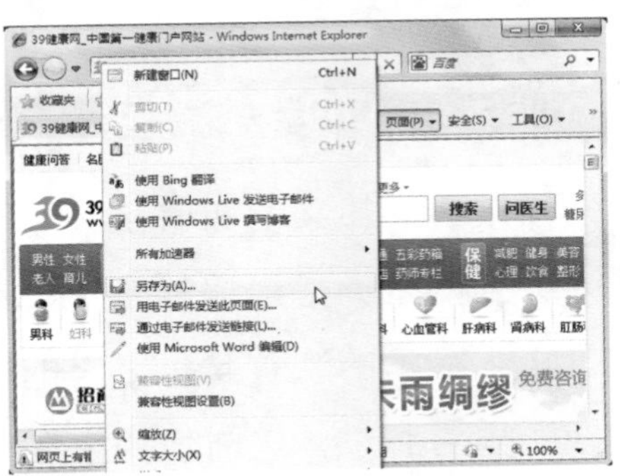

02 如果想要查看保存的网页，打开保存网页的文件夹就可以看到保存的网页，双击就可以打开浏览了。

在电脑里不仅可以永久地保存想要的资料，还能将这些资料分类汇总，查找起来也会更加方便。

3.2 万事不解问百度

以前遇到问题时，很多人都是从书中寻找答案，可是记性不好的时候是不是连翻哪本书也不记得了呢？如果每本书都翻一下，每本书又有那么多页，需要多久才能寻找到想要的答案呢？

现在有了电脑和网络，这些问题都迎刃而解了，只要输入问题就可以得到答案。当然，这不是电脑本身的功能，而是搜索引擎带来的便利。

目前，搜索引擎有很多，但最常用的是百度和谷歌搜索，搜索引擎的使用方法大致相同，下面就以百度为例，介绍怎样利用百度把电脑打造成为一本百科全书。

3.2.1 搜索高血压病人的饮食禁忌

突然想吃某一样东西，却又不知道自己能不能吃时，除了打电话给医生之外，上网查询是最快的方法。虽然很多健康网站上都有各种中老年人疾病的饮食禁忌之类的信息，但是一时之间总会想不起在哪里看到过，这时使用百度搜索就可以大显神威了。

例如要搜索高血压病人的饮食禁忌，可以按以下步骤来搜索查询。

01 启动 IE 浏览器，打开百度主页（www.baidu.com），然后在页面中的文本框中输入需要查询的信息关键词。关键词可以是一个词，也可以是几个词或短句，这里直接输入“高血压病人的饮食禁忌”就可以了。

02 在打开的网页中，列出了与“高血压病人的饮食禁忌”相关的网页超链接，单击要查看的超链接就可以访问该网页，相关的知识也就呈现在你面前了。

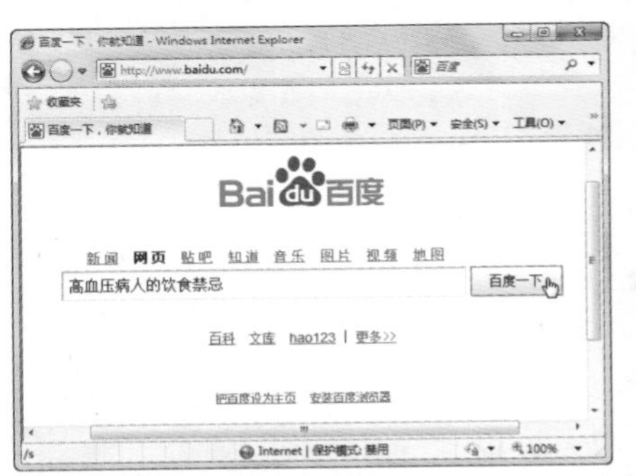

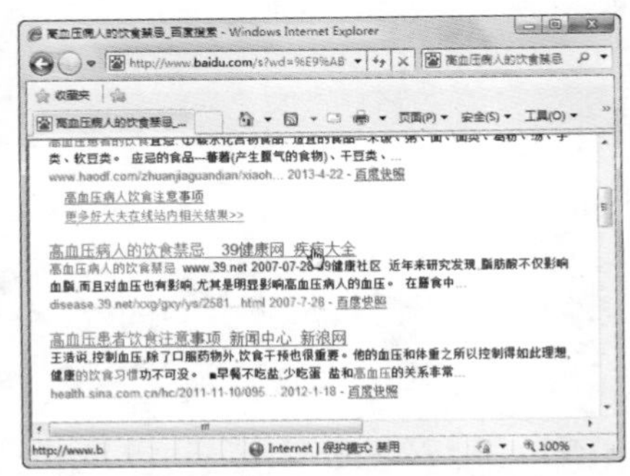

其实还有很多搜索技巧，在选择关键词时，大多只需要关键的一个或几个词就可以了，不需要连接的助词、动词、介词等，几个词语之间以空格隔开即可。例如将上面例子中的短句换为两个词组“高血压”和“饮食禁忌”，同样可以搜索出想要的结果，还节约了输入汉字的时间。

在搜索时，还可以以拼音代替汉字搜索，百度会自动识别为汉字，为你提供准确的答案。

是不是觉得用百度搜索答案很简单呢？多尝试一下不同的

关键词搜索，从中找到搜索的规律之后，你会发现浩瀚的网络知识尽归你所有。

3.2.2 在网上浏览景区美景

如果对某个地方十分向往，却一时不能前往，可以先在网上搜索一些美景图片，在家里一睹为快。

百度有搜索图片的功能，搜索景区的图片的操作步骤介绍如下。

01 打开IE浏览器，进入百度主页，在搜索文本框上方单击“图片”按钮，进入百度图片搜索页面。

02 在“百度图片”搜索框中输入景区名称，如“云南石林”，然后单击“百度一下”按钮。

03 有关云南石林的图片就搜索出来了，将鼠标指针指向某张图片时，图片会稍微放大显示，如果想要看更大的图片，单击图片即可观看。

虽然在电脑上看图片并不能满足你想旅行的愿望，但是在暂时不能去景区一览风景时，在家看一看图片也不错。而如果是以前去过的景区，从他人的拍摄角度看风景，也是另一种独特的体验。

在使用百度图片搜索功能时，除了可以搜索景区图片，还可以输入其他关键字浏览其他图片，例如植物花卉、电影电视等，五花八门，应有尽有。你还可以将搜索到的图片保存到电脑中，或者将其作为电脑桌面背景，为生活增添乐趣。

3.2.3 公交车线路一搜即得

如今，城市公交的发展越来越快，中老年人对于不常乘坐的公交车也许会不太熟悉。还有去一些地方需要换乘一两次公交车才能到达，这就更让人觉得迷糊，不知道应该在哪个站坐车，哪个站下车才好。

虽然有的家庭准备了公交线路图，但是公交线路图更新换代的速度远远跟不上公交线路的改变。而网络信息更新相对较快，还能提供多种换乘方式，让出行变得更加方便了。

查询公交线路仍然可以使用百度搜索，具体步骤如下。

01 启动 IE 浏览器，打开百度主页，在搜索文本框上方单击“地图”按钮，进入百度地图搜索页面。

02 打开百度地图搜索页面之后单击“公交”选项卡，在“请输入起点”文本框中输入你的位置，在“请输入终点”文本框中输入想要去的地方，然后单击“百度一下”按钮。

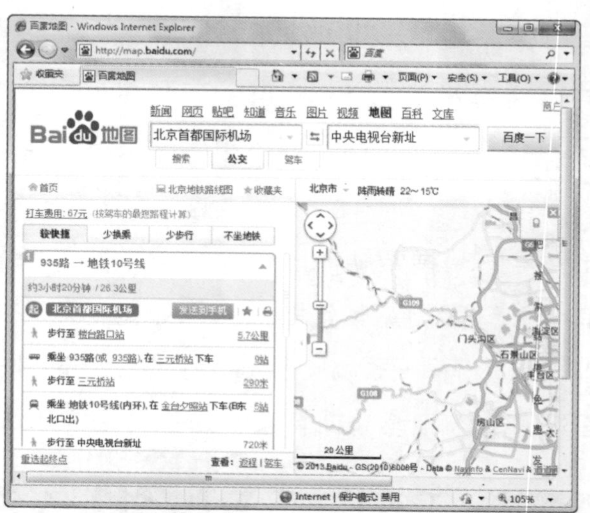

百度地图搜索的默认设置为寻找较快捷的到达方法，其中包括了地铁和公交车，如果不想乘坐地铁，可以单击“不坐地铁”选项卡，百度将为你提供只乘坐公交车就能到达的线路。

如果有多种换乘方案可以到达目的地，在页面左侧也会列出多种线路，你可以根据自己的需求进行选择。

如果想了解公交车的具体线路，还可以单击蓝色的公交线路编号或某个站的名称，页面右侧的地图上就会显示出该公交车运行的线路图。

3.2.4 在网上也能查列车时刻表

以前出远门需要坐火车时，往往需要到火车站询问火车的班次和列车时刻表。如果火车站比较远，就会很不方便。如今在家里坐在电脑前面就能随时查询列车时刻表，再也不用像以前那么麻烦了。

以前在网上查询列车时刻表总是担心网站上的信息更新不及时，自从“中国铁路客户服务中心”网站开通之后，不仅可以查询到最新的列车信息，还可以在网站上购买火车票，十分方便。

需要查询列车时刻表时，可以打开电脑执行以下操作。

01 启动IE浏览器，打开中国铁路客户服务中心主页（www.12306.cn），单击左侧的“旅客列车时刻表查询”超链接。

02 在打开的“列车时刻表查询”页面中的车次查询中选择日期，输入想要查询的车次、验证码，然后单击“查询”按钮。

站序	车站	列车信息				票价（元）								
		车次	到时	发时	历时	商务座	特等座	一等座	二等座	高级软卧上/下	软卧上/下	硬卧上/中/下	软座	硬座
1	昆明	K160	11:50	11:50	--	--	--	--	--	--	--	--	--	--
2	曲靖	K160	13:23	13:36	01:33	--	--	--	--	--	105.5/111.5	69.5/74.5/77.5	36.5	23.5
3	宣威	K160	14:48	15:01	02:58	--	--	--	--	--	129.5/135.5	86.5/91.5/94.5	60.5	40.5
4	六盘水	K160	16:51	17:05	05:01	--	--	--	--	--	155.5/161.5	100.5/105.5/108.!	86.5	54.5
5	六枝	K160	18:11	18:17	06:21	--	--	--	--	--	186/194	123/126/130	107	69
6	安顺	K160	18:58	19:04	07:08	--	--	--	--	--	205/214	133/138/142	118	75
7	贵阳	K160	20:27	21:00	08:37	--	--	--	--	--	233/244	152/156/161	136	86
8	遵义	K160	01:05	01:13	13:15	--	--	--	--	--	285/297	184/190/196	165	105
9	铜梓	K160	02:20	02:24	14:30	--	--	--	--	--	301/315	194/200/208	177	112
10	綦江	K160	06:09	06:15	18:19	--	--	--	--	--	348.5/363.5	222.5/230.5/237.!	204.5	128.5
11	重庆	K160	07:54	07:54	20:04	--	--	--	--	--	381.5/398.5	244.5/252.5/261.!	224.5	141.5

因为很多时候我们在查询列车信息时并不知道具体的车次，如果不需要查询每一个火车站的时刻表，也可以通过其他方法查询列车的开车时间和到站时间。

在“车票预订”和“余票查询”里都可以查看列车的开车时间和到站时间，但是如果使用“车票预订”功能来查询需要登录账号，所以这里以使用“余票查询”为例，介绍在不知道车次的情况下查询列车时刻表。

01 进入中国铁路客户服务中心主页，单击左侧的“余票查询”超链接。

02 在打开的“余票查询”页面中选择出发地、目的地和出发日期，然后单击“查询”按钮。下面的表格中会列出符合条件的车次、发车时间、到站时间及每个席位的剩余票量信息。

车次	查询区间			余票信息										
	发站	到站	历时	商务座	特等座	一等座	二等座	高级软卧	软卧	硬卧	软座	硬座	无座	其他
K1050	昆明 16:20	重庆 16:03	23:43	--	--	--	--	--	19	无	--	80	121	--

如果想要知道这趟列车每个站的时刻表，可以将鼠标指针放在车次上，会弹出文本框显示每个站的到站时间及停留时间。

在网络上查询列车时刻表更全面，又免去了奔波之苦。如果想要购票，还可以直接购买，然后再凭身份证到火车站取票。

3.3 下载有用的资源

网络上的资源丰富多彩，而有的资源如果没有连接网络就不能使用，如果将其下载到电脑里，就可以成为自己独有的资源。无论是电影、游戏、音乐、软件，只要掌握了方法，都可以搬到自己的电脑里，如果你想拥有一座属于自己的资源宝库，那么接下来的学习一定不能错过。

3.3.1 用 IE 浏览器下载并安装迅雷

IE 浏览器自带有下载功能，而迅雷是一个专用的下载软件，IE 浏览器和迅雷的区别在于迅雷可以更方便地管理下载资源，速度也比较快。正所谓“工欲善其事，必先利其器”，在准备下载各种资源之前，先下载一个专用的下载软件可以让你事半功倍。

因为迅雷是目前最常用的下载软件之一，所以此处以迅雷软件为例，介绍如何用 IE 浏览器下载软件。具体操作步骤介绍如下。

01 启动 IE 浏览器，打开迅雷软件中心网站（http://dl.xunlei.com），在打开的网页中找到“迅雷 7”，然后单击右侧的“下载”按钮。因为迅雷软件经常更新，如果打开之后发现已经是“迅雷 8”也有可能，下载最新的版本即可。

02 在弹出的“文件下载”对话框中单击“保存”按钮。

03 弹出“另存为”对话框，设置好保存位置后，单击“保存”按钮即可开始下载。根据软件的大小和网速的快慢，下载所用的时间不同，等待一会儿之后软件就会下载好了。

下载的程序只是一个安装程序，需要安装之后才能使用，

如果你还不会安装，就按照以下的步骤进行操作。

01 打开保存安装文件的文件夹，双击迅雷安装文件。

02 在弹出的“安全警告”对话框中单击“运行”按钮。

03 在弹出的安装向导对话框中单击“接受”按钮，只有同意软件许可协议和青少年安全上网指引才能继续下一步操作。

04 在“选项”对话框中单击“浏览”按钮选择安装目录，也可以使用默认目录进行安装。可以根据自己的需求选择界面下方的插件及桌面快捷方式等，完成之后单击“下一步”按钮开始安装。

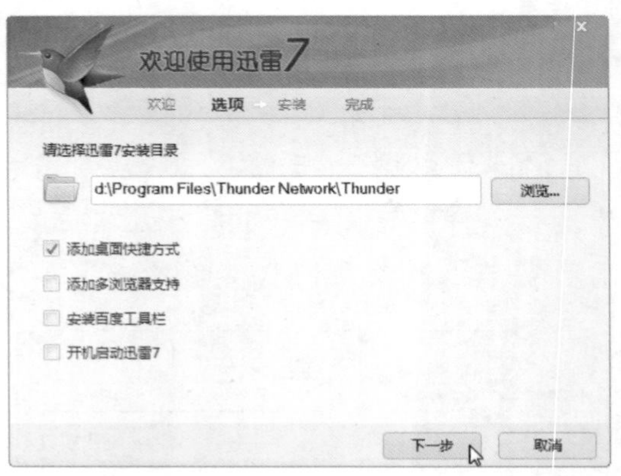

05 安装完成后根据需求勾选相关选项，然后单击“完成”按钮，程序的安装就完成了。

虽然只是学会了安装迅雷软件，但是安装程序软件的过程都是大同小异的，相信再遇到需要安装的程序时，你也可以轻松解决。

现在很多软件在安装时都有插件，一不注意就将其安装到电脑里了，如果是实用的插件还好，而不小心安装了根本不适合中老年人的插件就没有必要了。所以在安装程序时一定要看清楚安装的选项，尽量减少安装不必要的插件。

3.3.2 用迅雷下载 WinRAR

在下载了各种网络资源后，你会发现有一些后缀名为 .rar 的软件在双击之后并不能打开，怎么办？不用担心，.rar 是压缩文件，现在很多下载资源都是压缩之后再上传到网上供他人下载的，下载之后再解压缩就可以使用了。

如果电脑里没有解压缩软件肯定是不行的，赶紧到网络上下载一个吧，正好也可以试一试刚才下载和安装的迅雷是否好用。

目前可以下载软件的网站很多，天空下载就是其中比较有名的一个网站，下面学习如何在天空下载网站用迅雷下载 WinRAR 软件。具体操作步骤如下。

01 启动 IE 浏览器，打开天空下载网站的主页（http://www.skycn.com），在“软件搜索”文本框中输入想要下载的软件名“WinRAR”，然后单击“软件搜索”按钮。

02 在打开的页面中有多个版本的 WinRAR 软件，可以随意选择新旧版本，单击超链接后就可以进入下载页面。

03 在打开的下载页面下方找到“下载地址”，单击“迅雷专用地址”超链接后迅雷会自行启动，并弹出“新建任务”窗口。

04 在“新建任务”窗口设置一下文件存储路径，设置完成后单击“立即下载”按钮就开始下载文件。稍等片刻后文件就下载完成了，到文件存储目录中找到程序，安装之后就可以打开压缩文件了。

如果是第一次使用迅雷软件，会弹出“设置向导”对话框，选择一个比较空闲的硬盘作为默认下载盘，然后单击“下一步”按钮，并根据提示完成后面的设置。

3.3.3 下载好听的音乐

当你在电视、广播、公园里听到好听的歌曲时，是不是也想自己随时都能听到呢？自从有了电脑和网络之后，再也不用走街串巷寻找磁带、CD 了，只要知道歌曲名，就可以轻松搜索到想听的歌曲。而学会了下载文件的方法之后，还能把歌曲下载到电脑里，想听的时候随时都能听。

下载音乐的方法多种多样，但是最常用的还是使用百度搜索之后再下载，具体操作方法如下。

01 启动 IE 浏览器，打开百度音乐主页（http://music.baidu.com），在搜索文本框中输入歌曲名称，然后单击“百度一下”按钮。

02 在打开的搜索结果页面中会列出歌曲的各种版本，有演唱者及专辑信息，在想要听的歌曲后面单击“下载”按钮。

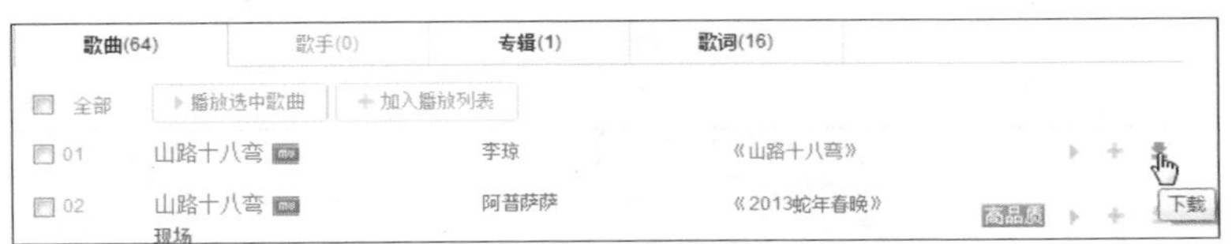

03 在打开的下载页面中选择音质效果，然后单击“下载”超链接，弹出文件下载对话框，单击“保存”按钮，在弹出的“另存为”对话框中设置保存的路径、文件名等信息，然后单击“保存”按钮即可开始下载。

稍等片刻后，音乐就下载完成了，如果想要收听这首歌曲，打开保存音乐的文件夹，然后双击音乐文件即可。

如果你不愿意使用 Windows 自带的音乐播放器，还可以到网络上寻找专业的音乐播放器，下载安装之后再使用。目前很多专业的音乐播放器不仅能让你听歌更方便，还提供音乐下载功能，让收听音乐、下载音乐变得更简单。

第 4 章

体会小企鹅的大神奇

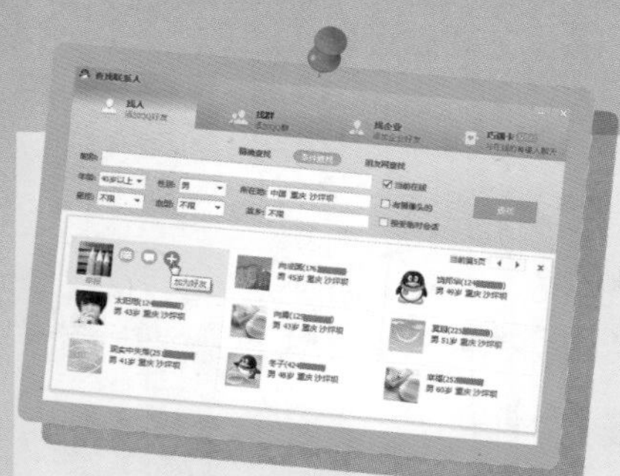

相信你对目前年轻人使用最多的 QQ 不会陌生，这个以企鹅为标志的软件不仅可以与相隔千里之外的亲朋好友聊天，还能打视频电话。既然要学习上网，一定要学会使用 QQ。

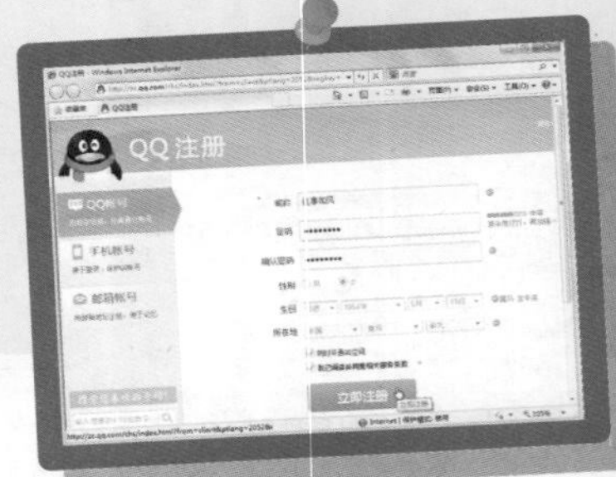

所以，本章会向你介绍 QQ 的使用方法和各种技巧，学会之后你一定能感受到这只可爱的“企鹅”的神奇功能。

4.1 把 QQ 迎进家门

QQ 如今已经成为电脑里的必备软件，但如果你使用的是一台新电脑，很可能并没有 QQ 的身影。此时，你需要到 QQ 的官方网站上下载程序，然后安装到电脑里。

4.1.1 下载和安装 QQ

在第 3 章学习了如何下载程序后，现在下载 QQ 其实是一件很简单的事情，下面就把 QQ 下载到电脑里，然后再安装吧。下载 QQ 的步骤介绍如下。

01 启动 IE 浏览器，打开腾讯软件下载页面（pc.qq.com），在打开的页面中找到“QQ 2013 轻聊版”，单击右侧的“下载”按钮。由于 QQ 版本更新频繁，寻找最新版本下载即可。

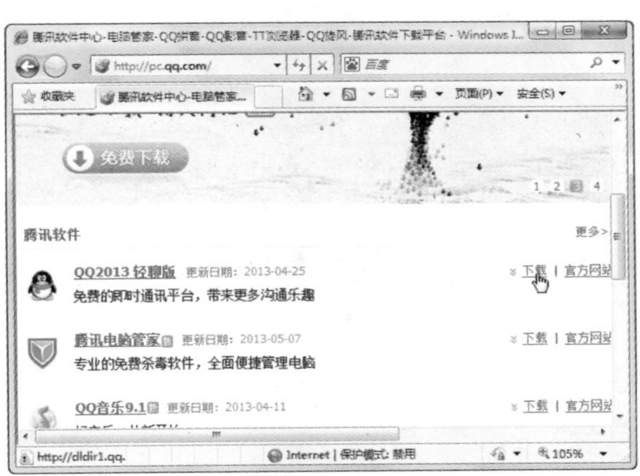

02 在弹出的“文件下载”对话框中单击“保存”按钮，在弹出的“另存为”对话框中设置保存路径后单击“保存”按钮即可开始下载。也可以直接在“文件下载”对话框中单击“运行”按钮，程序就会在下载完成之后自动运行。

03 下载完成后双击安装程序，在弹出的“安全警告”对话框中单击“运行”按钮。

04 在弹出的 QQ 程序安装向导对话框中勾选“我已阅读并同意软件许可协议……”选项，然后单击“下一步”按钮。

05 勾选需要安装的程序组件和快捷方式，然后单击“下一步”按钮。

06 单击“浏览”按钮选择程序安装目录，然后单击“安装”按钮即可开始安装。因为 QQ 的安装位置会保存聊天记录，为了防止电脑出故障需要重新安装系统时，导致资料丢失，最好不要将 QQ 安装到系统盘中（C 盘）。

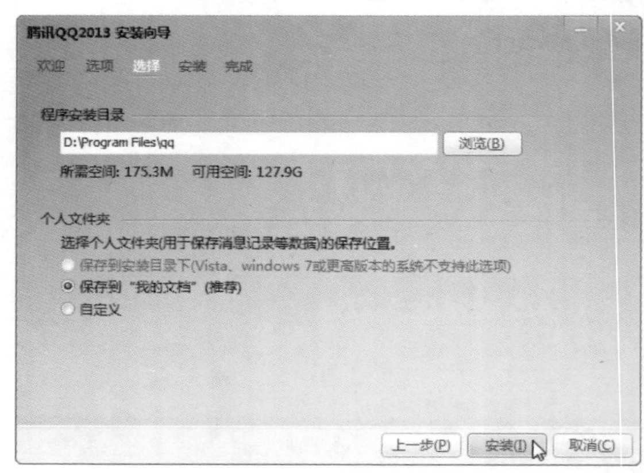

07 安装完成后进入完成页面，根据需要勾选相关选项后单击“完成”按钮，整个安装过程就完成了。

至此，QQ 就在你的电脑里安家落户了，桌面上的 QQ 图标是不是特别可爱？

4.1.2 注册 QQ 的通行证

不要以为下载和安装 QQ 后就万事大吉了，就可以和“小企鹅”亲密接触了，要使用 QQ，还需要一块“敲门砖”，那就是 QQ 号码。QQ 号码是登录 QQ 的通行证，是一串数字的组合，目前可以免费申请，但如果想要一串连号或者吉利数字的 QQ 号码，也可以通过购买来获得。

不过，免费的 QQ 已经包括了 QQ 的大部分功能，完全能满足日常的使用，本着节约为本的原则，下面还是申请一个免费的 QQ 吧。

01 双击桌面上的 QQ 图标，启动 QQ 程序，在弹出的 QQ 程序登录界面中单击“注册账号”按钮。

02 现在 QQ 号码的选择多样化，可以使用随机的数字、邮箱或手机号码来注册，这里以申请 QQ 数字账号为例来介绍，这也是最常见的 QQ 账号。在打开的页面中填写昵称、密码、生日、所在地等信息后，单击“立即注册”按钮。

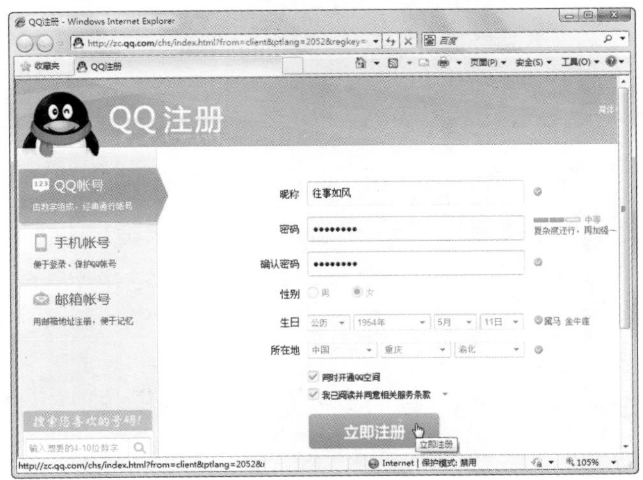

03 在弹出的页面中将显示申请成功的 QQ 号码，一定记录下这一串数字，更不要忘了登录密码，这是登录 QQ 的凭证。

注册好 QQ 号码之后，可以将这个号码告诉你的亲人和朋友，别人就可以通过这一组数字在 QQ 上找到你了。

4.2 文字千里传情意

有了 QQ 号码之后，在任何一台联网的电脑上只要装有 QQ 软件，你都可以登录 QQ，与千里之外的好友轻松聊天。文字聊天是 QQ 的基本功能，与手机短信的性质相同，信息发送之后对方马上就可以收到。可是发送一条手机短信要花钱的，而 QQ 聊天则是完全免费的，相比之下，QQ 聊天是不是更实惠呢？

4.2.1 登录你的 QQ

在使用 QQ 之前，必须先登录 QQ，只有登录之后才能添加好友，才能和 QQ 好友列表里的好友聊天。

在登录 QQ 之前，你必须先学会怎样启动 QQ。启动 QQ 的方法有很多种，最常见的是双击桌面上的快捷图标，还可以依次单击“开始”按钮→“所有程序”→“腾讯软件”→“QQ 2013”→“腾讯 QQ”命令来启动。

启动 QQ 后，就可以登录 QQ 了，具体的操作方法介绍如下。

01 运行 QQ 程序后，弹出 QQ 程序登录界面，在“QQ 号码 / 手机 / 邮箱”文本框中输入你的 QQ 账号，在“密码”文本框中输入登录密码，然后单击“登录”按钮。QQ 账号输入之后会自动被记录，以后想要再次登录 QQ 时只需要输入密码就可以了。如果想让密码也自动被记录，则可以勾选登录界面的“记住密码”选项。

02 稍等片刻，将弹出长条状的 QQ 面板，表示登录成功了。第一次登录 QQ 时，会弹出新手引导，如果想要学习则可以单击“第一次使用 QQ”按钮，如果不需要则直接关闭即可。

成功登录 QQ 之后，在系统任务栏的通知区域会显示一个 QQ 的小图标，如果把 QQ 最小化，单击这个小图标就能显示 QQ 面板了。如果右键单击这个小图标，则在弹出的快捷菜单中可以设置 QQ 的在线状态。

QQ 在线状态有很多种，默认为“我在线上”。如果你登录了 QQ 又不想让他人知道，则可以单击“隐身”命令，设置为“隐身”状态；如果你正在忙，不想有 QQ 消息打扰，也可以设置为“请勿打扰”状态，如果有消息将会储存在 QQ 消息盒子里；如果你离开了电脑，也可以把 QQ 设置为“离开”状态。

可是，现在你的 QQ 里还没有好友，不管设置成什么状态也没人会看见，所以，还是保持默认设置吧。

4.2.2 不要让好友列表冷冷清清

刚申请的 QQ 号中一个好友都没有，想试试怎样聊天都不行，所以登录 QQ 之后，赶紧告诉各位亲戚朋友自己的 QQ 号码，让他们都加你为好友。也可以向大家索要 QQ 号码，自己添加大家为好友，还可以寻找志同道合的陌生人添加为好友，闲聊之后也许就成为莫逆之交了。

那么，首先看一看怎样在知道别人的 QQ 号码之后把他添加为好友。

01 在 QQ 程序面板中单击下方的“查找”按钮，弹出“查找联系人”对话框，在“找人”选项卡中选择“精确查找”选项，然后在文本框中输入 QQ 号码，完成后单击“查找”按钮。

02 在搜索结果中可以查看该 QQ 的基本信息，如果确认要添加时则单击“加为好友”按钮⊕。

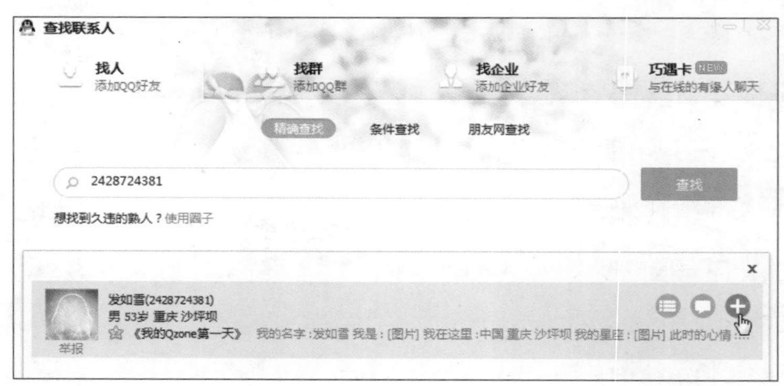

03 弹出“添加好友”对话框，在验证信息框中输入验证信息，然后单击“下一步”按钮，即可向好友发出添加请求。当然，也可以不输，但是有的人不愿意随便添加陌生人为 QQ 好友，如果是认识的人，则可以输入几个能代表你身份的词让他人识别你是谁。

04 在备注姓名文本框中可以填写你熟悉的真实姓名或代号，在分组里选择好友的位置，如“家人”、“同学”等。也可以不填写、不选择，那么备注姓名就默认为网名，分组在“我的好友”里了。

05 最后在弹出的对话框中提示你向好友发送的添加请求已经发送成功了，此时只需要单击“完成”按钮就可以了。

当申请发出后，就静待对方接受你的请求了。如果是别人添加你为好友时，就需要你来接受请求了。接受请求的步骤如下。

01 当被请求加为好友时，任务栏通知区域的 QQ 图标就会变成小喇叭的图标，并不停地闪烁，此时单击该图标。

02 在弹出的对话框中根据需要选择是否加为好友，默认为“同意并添加为好友”，然后单击“确定”按钮，该好友就被添加到自己的好友列表中了。

如果是要添加不认识的人，只是随意添加陌生人来聊天，也可以通过以下的方法来添加。

01 在QQ程序面板中单击下方的“查找”按钮，弹出的“查找联系人”对话框，单击“找人”选项卡下的“条件查找”按钮，然后在下方设置查找条件，完成后单击“查找”按钮。

02 在搜索结果中单击要添加的好友，单击“加为好友”按钮。

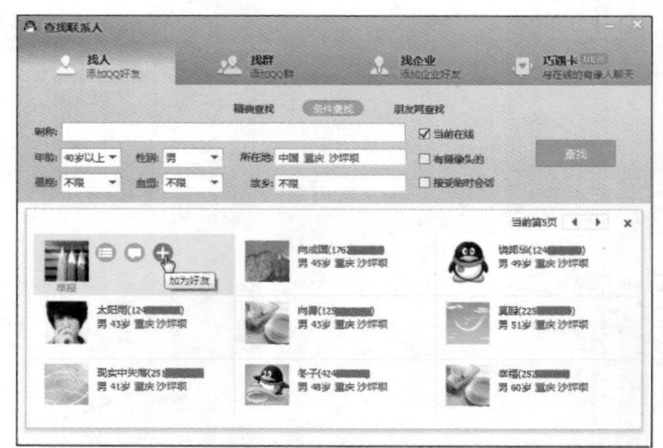

03 在验证信息框中输入请求信息，然后单击“下一步”按钮，即可向好友发出添加请求了。

当你把亲朋好友都加入QQ的好友列表后，就不会觉得孤单了，只要有QQ好友在线，就能随时找到人陪你聊天解闷了。如果没有好友在线，也不用担心，你随时都能查找一些新的好友，与新朋友聊天也是不错的选择。

4.2.3 与老朋友快乐聊天

成功地添加了老朋友之后，就可以开始聊天了，如果是第一次使用QQ，还是先跟老朋友打一声招呼吧。

在QQ上与好友聊天的方法介绍如下。

01 单击状态栏的QQ图标，弹出QQ面板，展开“我的好友”列表，选择想要聊天的好友，然后双击好友头像。

02 弹出聊天窗口，在下方的文本框中输入要发送的消息，输入完成后单击“发送”按钮。

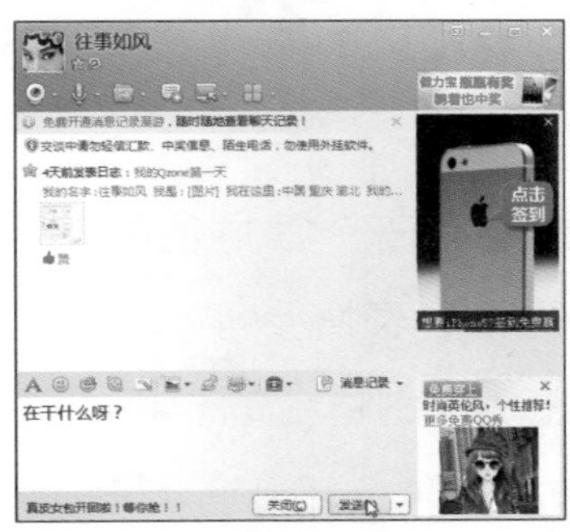

03 发送的消息会在窗口的上方显示，以便随时查看，而发送之后可以关掉窗口或停留在当前窗口等待回复。如果关掉窗口时对方回复了消息，通知区域的 QQ 图标就会变成好友的头像，并不停闪烁，单击该图标可以查看回复消息。如果鼠标停留在当前窗口，回复的消息将直接显示在 QQ 聊天窗口上。

如果你觉得用文字聊天太单调，还可以加入一些 QQ 表情，让这些可爱的卡通表情来展示你现在的心情。

使用 QQ 表情的方法是：单击聊天窗口上方的“选择表情”按钮😊，选择喜欢的表情并单击后，QQ 表情就出现在了聊天窗口中。

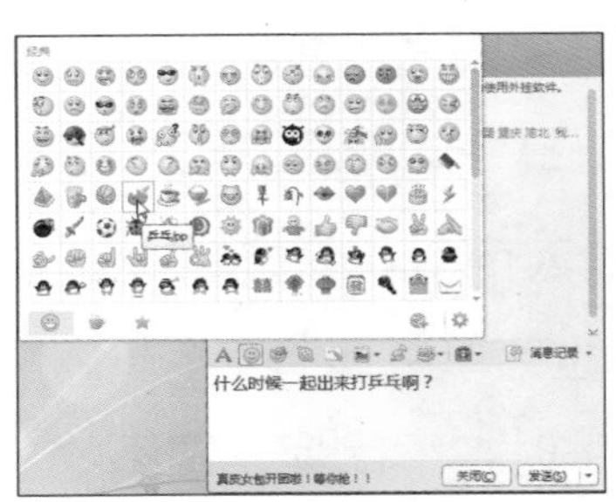

除了使用传统的QQ表情之外，还可以使用动感十足的魔法表情，魔法表情的使用方法与QQ表情相似：单击“魔法表情”按钮之后，选择想要发送的魔法表情，然后单击魔法表情即可出现在聊天窗口中。

可是，魔法表情还有一个很方便的使用方法，如果你想发送与某个主题相关的魔法表情，可以在魔法表情搜索框中输入关键词，就可以快速地找到适合的表情了。

有了五颜六色的QQ表情作为点缀，聊天变得更有意思了，此时再为文字换一个漂亮的字体和颜色就更完美了。

更改字体的方法是：单击“字体选择工具栏”按钮A，然后分别更改字体、字号、颜色等，可以不停地更改，直到满意为止。

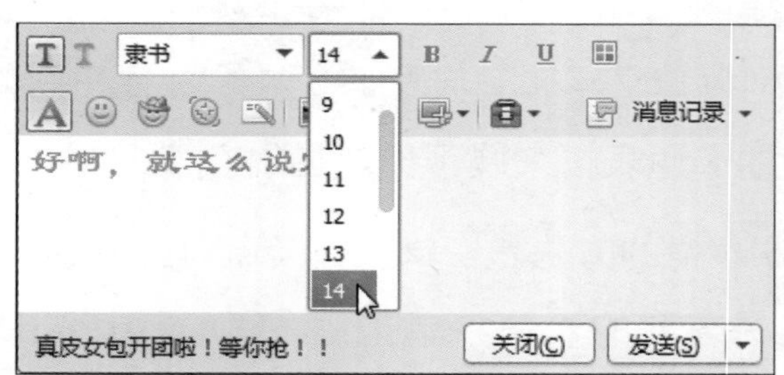

如果在聊天时某个字的拼音忘记了，或者你知道一个字的写法，一时却忘了它的读音，也不要担心，QQ新增的手写输入功能可以轻松解决打字的问题。

使用QQ手写输入的方法是：单击“多功能辅助输入”按钮，在弹出的下拉菜单中选择手写输入，然后在手写面板上写字就可以了。写字时按下鼠标左键不放，拖动鼠标就可以写字了，写完之后在手写面板的右边单击需要的字，这个字就会出现在 QQ 的聊天窗口中了。

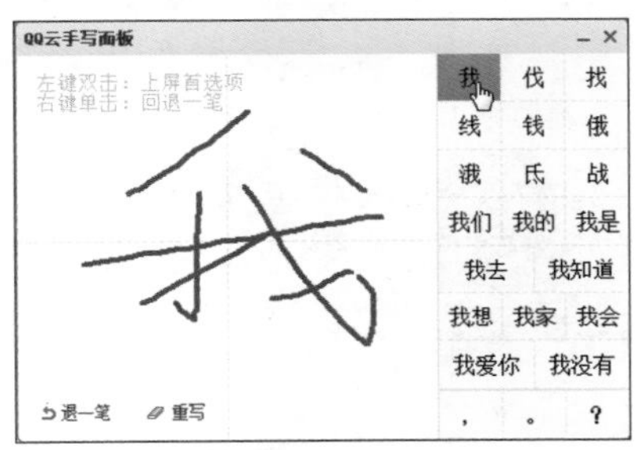

现在再来看一看与好友的聊天内容，是不是丰富了很多？给朋友发一条图文并茂的消息吧，让大家看一看你的进步。

4.2.4 一起欣赏美丽的图片

你是不是在公园照了很多照片？想把这些照片与人分享吗？QQ 除了可以发送文字信息，还可以把美丽的图片发送给好友，赶快来试一试将图片发送给好友，与好友一起欣赏吧。

在 QQ 上发送图片可以分为直接发送电脑里的图片和发送 QQ 截图文件，下面先介绍怎样发送电脑里的图片。具体操作步骤如下。

01 打开与好友的聊天窗口，单击消息文本框上的“发送图片”按钮，在弹出的“打开图片”对话框中选择需要发送的图片。

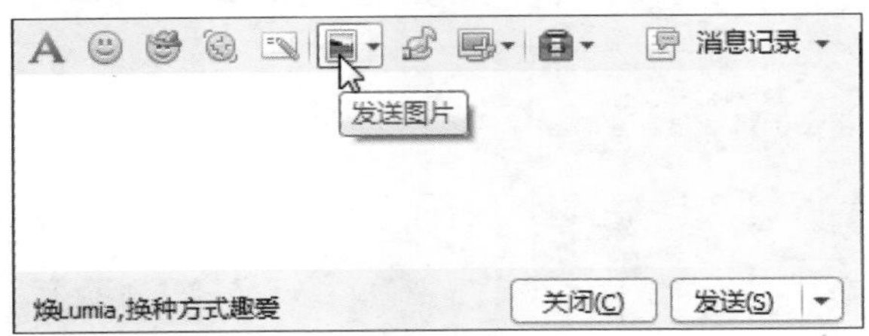

02 选择好图片之后，单击“打开”按钮，该图片将插入到聊天窗口的消息编辑框中，单击“发送”按钮即可将图片发送给好友。好友收到消息后，图片信息将同文字信息一样显示在聊天窗口中，这时你就可以和好友一起欣赏图片了。

提示 如果好友不在线，或者处于隐身状态，发送的单张图片大小不得超过 300KB，所以当你要发送的图片较大时，应该确认好友处于在线状态。

除了发送图片文件，还可以使用 QQ 截图功能，截取你电脑屏幕上的一部分图像作为图片发送给好友。具体的操作步骤如下。

01 先调整想要截取的图像，然后打开聊天窗口，单击消息文本框上方的“屏幕截图”按钮。

02 此时鼠标的指针会变为彩色，按下鼠标的左键并拖动鼠标框选需要截取的区域，框选出要截取的区域后，松开鼠标左键，然后按“Enter”键，或双击截图区域，所截取的图像会自动插入聊天窗口的消息编辑框中。

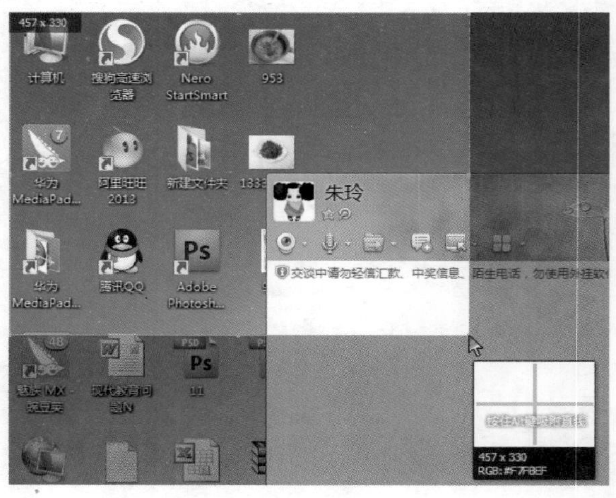

03 之后单击“发送”按钮即可将截图发送给好友，好友收到的图片信息将显示在聊天窗口中。

截图功能非常实用，可以快速地把电脑屏幕上的图像发送给好友，一些不能复制的图像也可以跟好友一起分享了。

通过以上方法发送的图片，在发送时都会被压缩，图片质量并不理想，如果好友想将这些图片保存起来，则可以通过 QQ 传输图片，把高质量的图片传送给好友。传送图片的方法如下。

01 打开好友聊天窗口，单击窗口上方的“传送文件”按钮，在弹出的快捷菜单中单击“发送文件 / 文件夹”命令，然后在弹出的“选择文件 / 文件夹”对话框中找到并选中要传送的文件，单击“发送”按钮。

02 此时好友的 QQ 将接收到传送文件的请求，QQ 图标会持续闪烁，并在右下角弹出接收文件的小窗口，可以单击“接收“、“另存为“等命令来接收该文件。也可以双击闪烁的 QQ 图标，弹出 QQ 聊天窗口后再选择接收文件的方式。

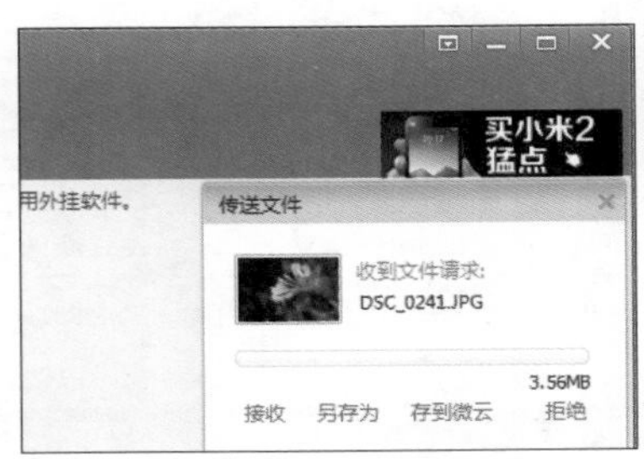

03 接收之后程序开始传送文件，等待一段时间之后传送就成功了。传送完毕之后 QQ 聊天窗口显示文件接收成功，你可以根据需要单击“打开文件”或“打开所在文件夹”超链接。

在接收文件时，如果选择“接收”命令，则该文件会自动保存到QQ默认的文件夹中，而选择“另存为”命令则可以将文件保存到一个自己想要放置的文件夹。如果你想将从QQ接收的文件放到一个指定的地方，也可以更改默认接收文件的文件夹，其具体操作步骤如下。

01 打开QQ面板，单击面板上方头像右侧的“在线状态”按钮，在弹出的快捷菜单中单击“系统设置”命令。

02 在弹出的“系统设置”对话框中单击“文件管理”选项，然后在对话框右侧单击“更改目录”按钮，在弹出的“浏览文件夹”对话框中选择要更改的目录即可。

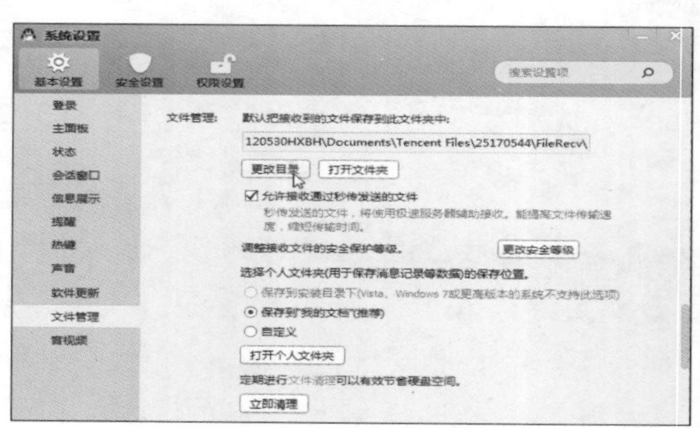

现在，你就可以和朋友一起欣赏高质量的图片了，而且除了图片之外，QQ的传送功能还可以用于传送其他类型的文件和文件夹。如果文件众多，还可以将文件放在一个文件夹里，然后直接传送文件夹就可以了，十分方便。

4.2.5 不一样的多人聊天

QQ除了可以与好友一对一地聊天，还可以多人加入同一个QQ群，在QQ群里多人同时聊天。只要加入了QQ群，然后在群里发言，群里的众多成员都可以同时看到你的发言。这种感觉是不是跟一对一地聊天不一样呢？现在就加入 QQ 群，来体验一下不一样的多人聊天吧。

如果你已经知道了某个 QQ 群的群号，则可以通过查找群号来加入 QQ 群，具体操作步骤如下。

01 登录QQ，单击QQ面板下方的“查找”按钮，弹出“查找联系人”对话框，然后单击“找群”选项卡，在文本框中输入 QQ 群号码后单击“查找“按钮。

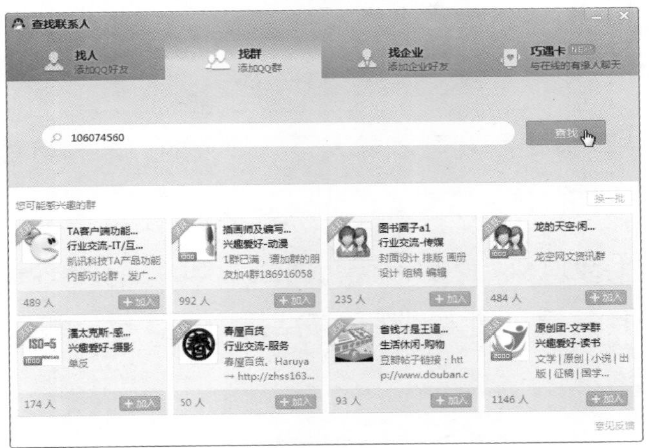

02 搜索到 QQ 群后，单击“加入”按钮，之后会弹出“添加群”对话框，在文本框中输入请求信息，然后单击“发送”按钮。当然，也可以不输入请求信息，直接单击“发送”按钮，但是有的 QQ 群验证严格，没有请求信息时很容易被拒绝。

03 请求信息发送之后会弹出提示对话框，单击“确定”按钮，然后等待群主批准加入就可以了。

当群主收到你发送的请求之后，可以同意或拒绝你的加入，而无论同意与否，通知区域都会弹出提示对话框，查看后单击“确定”按钮即可。

如果群主通过了你加入群的请求，你就可以从 QQ 面板上进入该群，参与 QQ 群里的多人聊天。进入 QQ 群的方法是：单击 QQ 面板上的“群 / 讨论组”选项卡，切换到“我的 QQ 群”列表，然后双击 QQ 群即可。

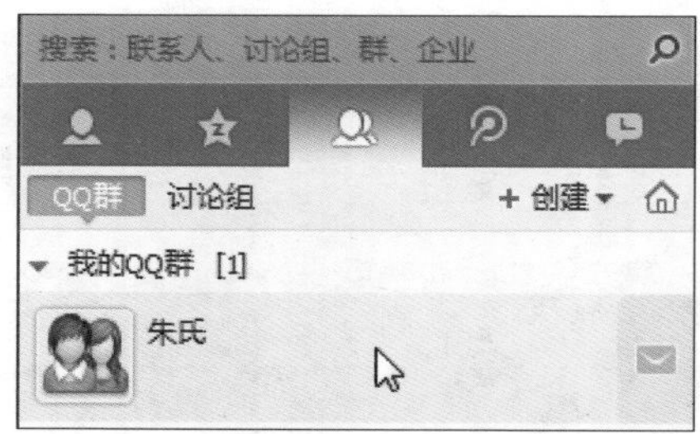

进入 QQ 群之后就可以聊天了，聊天的方法和与普通的 QQ 好友聊天一样，只是有更多的人一起互动讨论了。

如果不知道 QQ 群的号码，而是想加入某个感兴趣的群，也可以使用关键字搜索，然后在结果中选择想要加入的 QQ 群并加入。

如果不想加入别人的 QQ 群，也可以自己创建一个 QQ 群，设置自己想要聊天的话题，在网络中找到与自己有共同兴趣的人。创建 QQ 群的具体操作步骤如下。

01 登录 QQ，切换到“群 / 讨论组”选项卡，然后单击“创建”按钮，在弹出的快捷菜单中单击“创建群”命令。

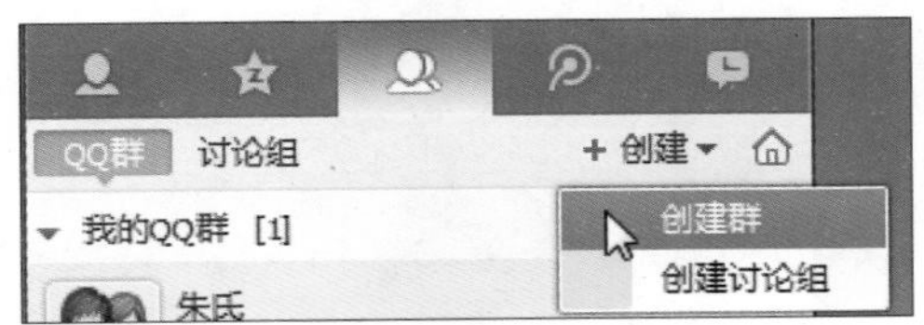

02 在弹出的窗口中选择群类别，如果是与兴趣爱好有关，就单击“兴趣爱好”按钮。

03 在接下来弹出的对话框中填写群的基本信息，完成后单击“下一步”按钮。

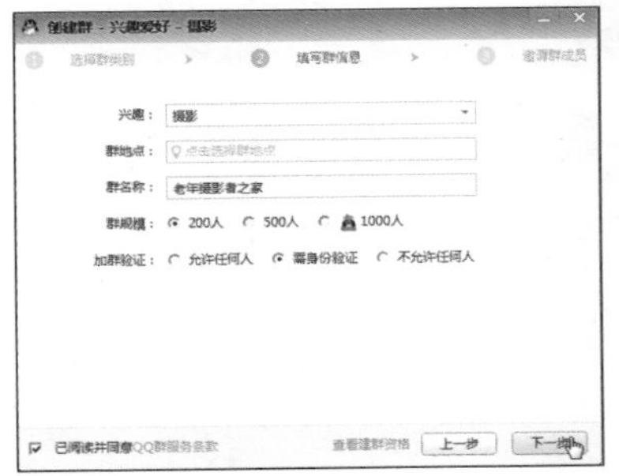

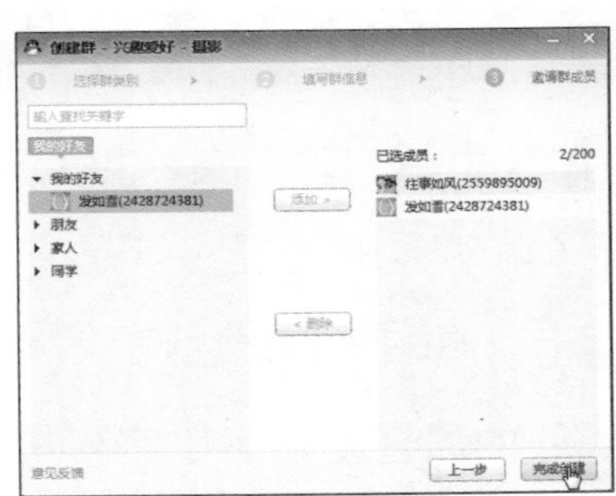

04 在打开的对话框中添加群成员。先选择 QQ 好友，然后单击“添加”按钮即可邀请该好友加入你的 QQ 群，完成后单击“完成创建”按钮。

05 如果是第一次创建 QQ 群，此时会提示你输入姓名和手机号码，然后就进入完成窗口。此时，你可以再次填写群资料，让 QQ 群里的成员更了解群的性质，也可以跳过这一步，直接单击“完成”按钮关闭窗口，或单击“开始聊天”按钮进入 QQ 群，与 QQ 群里的好友一起聊天。

有了 QQ 群之后，让你更容易找到志同道合的朋友了，可以在聊天中与他们一起学习，一起进步。

4.3 不一样的视频“电话”

长大后的儿女远走他乡，不能经常见面，只能通过打电话以寄思念。可是电话总是只听见声音而看不到人，儿女是胖是瘦，有没有晒黑都看不到，此时你是不是经常会想，如果有在新闻上见到的视频电话就好了？

不要急，现在这种视频电话就在你的家里，让你不仅可以听到儿女的声音，还能经常见到儿女的身影。

4.3.1 QQ 也能打电话

如今电话早已普及，就算与亲人远隔万里也可以打一个电话就了解对方的情况。可是，打电话需要花电话费，当你有了 QQ 之后，就可以免费与亲人通话了。

QQ 的语音功能可以实现电话的功能，而且是完全免费的，只要双方都在线，打开电脑就可以免费打电话了。不过，在通话之前，必须先保证网络的畅通，以及电脑上耳机和麦克风的连接正确。现在很多耳机上都带有麦克风，只要将耳机和麦克风的插头与主机箱上的相应接口相连就可以了。实现 QQ 语音通话的具体操作步骤如下。

01 登录 QQ，打开与好友的聊天窗口，单击窗口上方的“开始语音会话”按钮，向对方发送语音聊天的请求。

02 此时，对方的 QQ 上将接收到语音聊天的请求，并以电话铃声作为提示，单击“接受”按钮就可以开始“打电话”了。

03 聊天窗口右侧有语音通话的控制面板，可以调节麦克风的音量，单击“小喇叭”按钮还可以暂时静音。如果聊天结束，则可以单击“挂断”按钮结束通话。

在与人语音聊天的时候，左侧的聊天窗口同样可以进行文字聊天，两者互不影响，这是不是比电话还要方便呢？

4.3.2 你也能用可视电话

虽然可视电话还没有普及千家万户，可是只要有了 QQ，就可以实现可视电话的功能。当你想孙子时，可以打开电脑与孙子可视聊天，是不是很方便？

要让 QQ 实现可视通话的功能除了语音通话所需要的麦克风和耳机之外，还需要安装一个摄像头。当一切准备就绪之后，就可以使用 QQ 的视频聊天功能实现可视通话了。使用 QQ 视频聊天的具体操作步骤如下。

01 登录 QQ，打开与好友的聊天窗口，单击窗口上方的“开始视频会话”按钮，向对方发送视频请求。

02 此时，对方的 QQ 上会收到视频聊天的请求，如果同意则单击“接受”按钮，然后就会建立连接。如果双方都有摄像头，那么彼此在电脑上都可以看到对方了，如果只有一方有摄像头，那么没有摄像头的一方的视频窗口为空白。

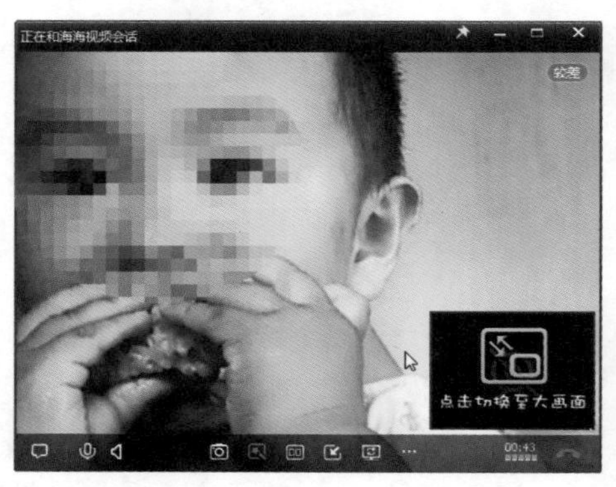

使用 QQ 视频聊天的同时也可以进行文字和语音聊天，如果不需要用文字聊天，可以关闭文字聊天窗口，只使用视频聊天的功能。如果想放大视频窗口，则可单击视频窗口右上方的“最大化”按钮，也可双击视频画面将窗口设置为铺满全屏幕。

当聊天结束时，可以单击视频窗口右下角“挂断视频”按钮，也可以直接单击右上角“关闭”按钮。

第5章

一起来写信吧

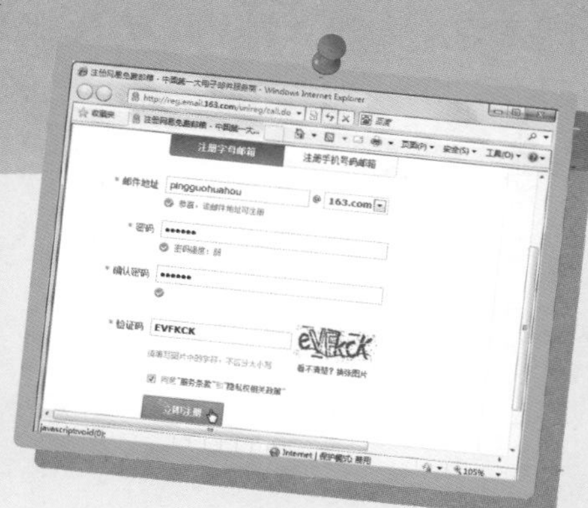

当电话早已经普及千家万户时，写信这种沟通方式就渐渐退出了人们的生活。

可是，仍然有不少中老年人保持着写信的习惯，如果你刚好有这种习惯就不妨换一种方法，试一试使用电子邮件。

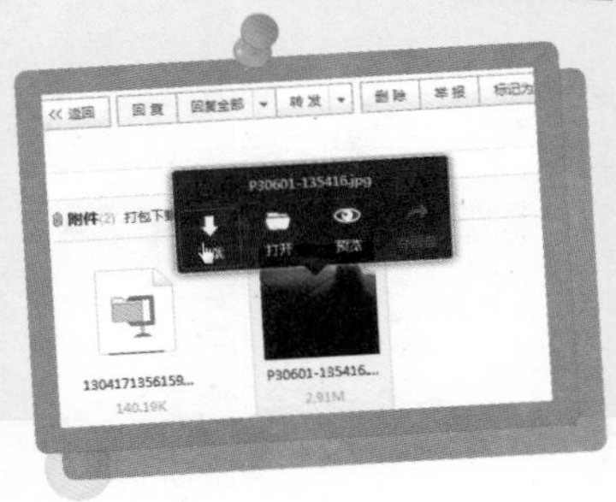

电子邮件不仅传递迅速，还不需要邮费，除了文字之外，各种文件也可以放在在电子邮件中一起发送给对方，比写传统的信件方便很多。

5.1 方便快捷的电子邮件

很久没有与老朋友联系了，写封信表示一下问候吧。不用去买邮票和信封，也不用写完信之后再跑到邮局去寄信了，只要发送一封电子邮件，就可以让书信瞬间到达。

5.1.1 申请一个电子邮箱

想要发送电子邮件，首先必须先有一个电子邮箱，电子邮箱是以“用户名 +@+ 电子邮件服务器”的形式来表示的，其中的用户名需要在用户申请电子邮箱时设定。

现在，有很多的网站都提供了免费申请邮箱的服务，想要使用时可以在这些网站申请，例如网易、新浪、搜狐等。

下面是一些常见的免费邮箱网站。

- 网易：http://mail.163.com
- 搜狐：http://mail.sohu.com
- 新浪：http://mail.sina.com
- 腾讯：http://mail.qq.com

各个网站申请免费电子邮箱的步骤都差不多，这里就以网易为例，介绍一下怎样申请免费的电子邮箱。

01 启动 IE 浏览器，进入网易 163 邮箱首页（http://mail.163.com），在登录界面的“邮箱账号”登录选项卡中单击“注册”按钮。

02 进入网易通行证注册页面，根据提示填写邮箱地址、密码及验证码等信息，然后单击“立即注册”按钮。因为邮箱地址不能重复，如果你所填写的邮箱地址已经被人使用，则在文本框下方系统会以红色的字体提醒你需要更换。

03 在接下来打开的页面中将提示你注册成功，因为没有设置密码保护，所以此处会有设置密码保护的建议。如果不想设置，则可以单击“跳过这一步，进入邮箱”超链接，即可进入你刚申请的邮箱。

因为是新注册的用户，第一次使用邮箱时会弹出使用向导窗口，如果想学习就单击“开始新版向导”按钮，开始了解你

的邮箱。当然，你也可以单击“不用了”按钮，直接进入邮箱，开始使用你的电子邮箱。

5.1.2 打开邮箱看邮件

每个电子邮箱都是一个独立的空间，想要使用它必须先登录。在提供邮箱服务的网站首页输入邮箱账号和密码之后就可以登录你的邮箱了，下面就进入你的网易电子邮箱看一看里面有些什么吧。

01 启动IE浏览器，进入网易163邮箱首页（http://mail.163.com），分别填写账号和密码后单击“登录”按钮。

02 进入电子邮箱中就可以看到其布局了。

网易163的电子邮箱界面主要由两个窗格组成，左侧窗格中列出了电子邮箱所包含的文件夹，单击某个文件夹即可在右侧窗格中显示其中的具体内容。如果你使用的是其他网站的邮箱，则格局也基本相同。

5.1.3 给儿女写封信吧

现在，你的邮箱里还没有亲友的来信，只有两封网易邮箱自动发送的电子邮件。如果想收到他人的来信，则必须先告知他人你的电子邮箱地址，或者给他人写信。

知道儿女的电子邮箱地址吗？也许你可以找一找他们的名片，看上面有没有他们的电子邮箱地址，然后悄悄给他们写一封电子邮件，让他们大吃一惊。给他人写信的具体操作步骤如下。

01 登录网易 163 邮箱，单击左侧的“写信”按钮。

02 进入邮件撰写页面，在“收件人”处输入对方的邮箱地址，在“主题”处输入邮件标题，然后在正文区域撰写邮件内容。撰写完成后单击上方的“发送”按钮。

03 第一次写信时，系统会提示你设置姓名，这样收信人看到信时就一目了然了。将姓名填写到文本框之后，单击“保存并发送”按钮，稍等片刻之后页面跳转，提示你邮件已经发送成功。

写完一封信之后，是不是觉得比写传统的书信要简单许多？不过，如果你打字太慢，也许会觉得输入一封信花费的时间比用笔写一封信要多一些，而解决打字慢的方法只有不断地练习，相信你很快就能“指上生花”，打字速度大增。

5.1.4 儿女的回信收到了吗

当信寄出去之后，总是期望早一点收到回信。儿女收到你写给他们的信之后回信了吗？去邮箱看一看吧。收到的回信会被放在邮箱的收件箱中，查看邮件的具体操作步骤如下。

01 启动IE浏览器，登录网易163电子邮箱，单击左侧的“收件箱”按钮进入收件箱。如果有新邮件，则收件箱的右侧会有数字提示，表示有几封邮件。

02 右侧的邮件列表中将显示全部邮件，可以看到邮件的主题、发信人、发信时间等信息。如果是未读的邮件，则其标题是以黑色加粗的字体显示。单击想要阅读的邮件标题即可打开邮件。

03 打开邮件后就可以开始阅读邮件了，阅读后如果要回复该邮件，单击窗口上方的“回复”按钮即可。

04 回复页面自动填写了收信地址和邮件主题，你只需要在下方撰写好邮件内容即可，写完邮件后单击“发送”按钮，邮件就回复成功了。

也许你写完这封信时已经是深夜了，如果在这个时间把邮件发送出去，儿女收到之后会不会担心呢？如果不发送，明天忘记了怎么办？不用担心，电子邮箱有定时发信的功能，把时间设置为第二天的上午发送邮件就可以了。

操作方法为：单击页面下方的“更多选项”按钮，在弹出的选项中勾选“定时发送”选项，弹出发送时间设置，设置好发送时间后单击“发送”按钮，该信件将在设定的时间发送。

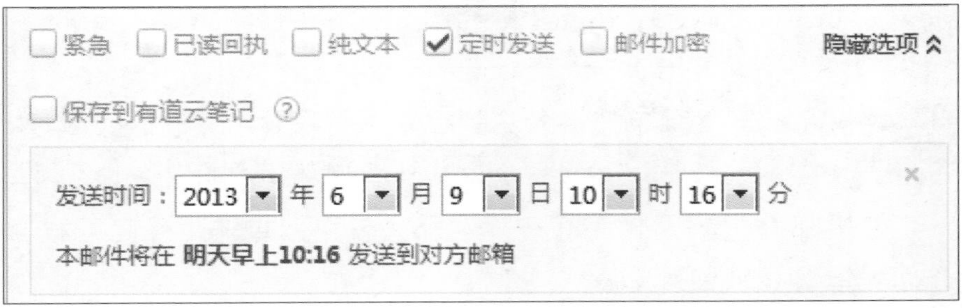

紧急 已读回执 纯文本 定时发送 邮件加密 隐藏选项
保存到有道云笔记
发送时间：2013 年 6 月 9 日 10 时 16 分
本邮件将在 明天早上10:16 发送到对方邮箱

想一想下一封邮件要写给谁，如果还不知道对方的邮箱地址，就赶快通过 QQ、电话、短信询问一下吧。

5.1.5 附件里面有什么

电子邮件除了传递文字信息之外，还可以将文件通过附件的形式发送给他人，收件人只要下载就可以使用该文件了。那么，下面就来看一看附件里面有些什么吧。查看附件的具体操作步骤如下。

01 进入你的邮箱，单击邮箱左侧的“收件箱”按钮进入收件箱，如果你所接收的邮件中有附件，则在右侧的邮件列表中会以一个曲别针的图形表示，单击该邮件查看。

02 在邮件中，附件位于邮件下方，如果是图片则以缩略图的形式显示，如果是其他文件则显示文件图标。要查看附件，可以通过下载、预览等形式，此处以下载附件为例来讲解。将鼠标指针指向附件后，在弹出的快捷菜单中单击“下载”按钮。

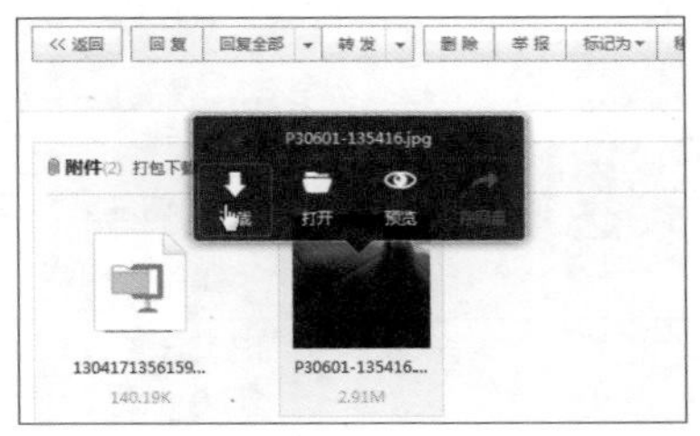

03 在弹出的“文件下载”对话框中单击“保存”按钮，设置好保存位置后再单击“保存”按钮即可开始下载附件。

如果邮件里的附件不止一个，那么就可以单击“打包下载”按钮，一次将附件下载了。

下载完成后，就可以看到附件里面的文件了。附件中是儿女给你发送的孙子的近照吗？作为回赠，你是不是也应该发送一张自己拍摄的照片给儿女呢？添加附件的具体操作步骤如下。

01 进入你的邮箱，单击“写信”按钮创建一封信邮件，或在阅读邮件之后直接单击“回复”按钮。

02 单击“添加附件”按钮，在弹出的窗口中选择需要发送的文件，然后单击“打开”按钮。操作完成后文件将自动扫描并上传到网上，根据文件的大小不同上传文件所需的时间也不相同。

03 文件上传后再单击“发送”按钮即可发送邮件。

如果要发送多个附件，则可以进行多次添加附件的操作，而如果对某个附件不满意，需要删除时，则单击文件右侧的“删除”按钮即可。

学会了发送附件之后，你可以发送任意文件给好友，如果附件过大则邮箱系统会提示你使用超大附件功能。但超大附件功能的容量是 2GB，如果超过 2GB 就只有想别的方法发送了。

5.1.6 不要让广告邮件占用邮箱

使用邮箱之后你会发现，就算没有亲人朋友给你写信，也可能会收到系统邮件、广告邮件等。如果这类邮件比较多，在查看亲友的邮件时很不方便，而且邮箱的容量是有限制的，如果空间满了就无法接收其他的邮件了。此时，你需要清理你的邮箱，把已经阅读或广告等垃圾邮件删除。

如果你在读完一封邮件之后认为这封邮件没有必要保存，则可以马上删除。此时，只需要单击邮件内容上方的“删除”按钮即可。

如果需要删除的邮件不止一封，用上面的方法一封封打开再删除未免太浪费时间。其实不用那么麻烦，在邮箱里可以一次性地删除多封邮件。需要一次删除多封邮件时，可以在邮件列表中依次勾选要删除的邮件，然后单击列表上方的“删除”按钮就可以了。需要注意的是，删除时要看好邮件的主题，不要误删了有用的邮件。

在清理了广告邮件之后，邮箱看起来是不是清爽多了？

5.1.7 清理邮件的“垃圾箱”

当邮件被删除之后，并不是马上被完全删除了，它会暂时被存放到“已删除”文件夹中。这个“已删除”文件夹的作用相当于操作系统中的“回收站”、家中的垃圾箱。

如果不小心把有用的东西丢进了“垃圾箱”，可以翻一翻，还能找回需要的东西。但是，邮箱并不会无限制地保存被删除的文件。一般来说，邮箱的已删除的文件夹最多保留最近 7 天内被删除的邮件，如果发现被删除的文件需要恢复，而这些邮件还未超过 7 天被删除，则可以进行以下操作来恢复。

01 登录邮箱，在左侧的邮件夹列表中单击“已删除”文件夹。如果在列表中没有发现已删除的文件夹，则可以单击“其他文件夹”，弹出“已删除”文件夹。

02 勾选需要恢复的邮件，单击“移动到”按钮，在弹出的菜单中选择“收件箱”选项。

操作完成之后，你就可以发现被删除的邮件已经回到了收件箱中，被丢掉的东西又找回来了。

可是，如果“垃圾箱”装满了，有新垃圾时就不能再装进去了，需要及时清理才能保证新垃圾能顺利地入“箱”。清理“垃圾箱”的具体操作步骤如下。

01 进入“已删除”文件夹，选择需要清理的邮件，然后单击邮件列表上方的“彻底删除”按钮。

02 在弹出的提示对话框中单击“确定”按钮，即可清空“已删除”文件夹。

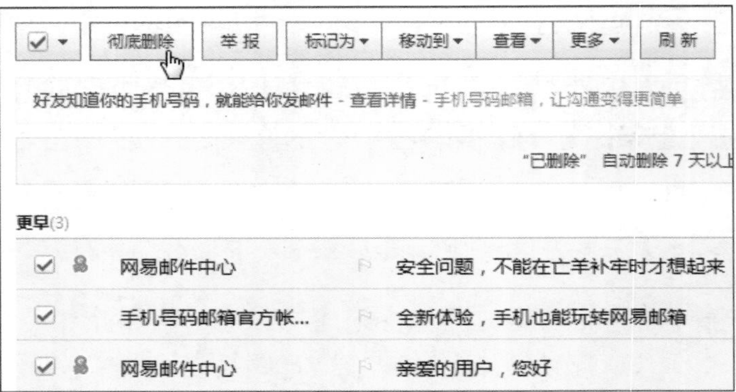

需要提醒的是，执行了彻底删除操作之后，邮件就再也找不回来了，所以在操作之前最好先看一看有没有误删的邮件，避免带来不必要的损失。

5.2 电子贺卡送祝福

电子邮件除了可以代替书信传递信息之外，在逢年过节时还可以发送贺卡和名信片以表达问候。

5.2.1 礼轻情意重的贺卡

多年前纸制的贺卡一直占据着各种节日礼物的市场，现在纸质的贺卡已经很少看到，发送电子贺卡成为现在的流行趋势。

在邮箱中发送电子贺卡的方法很简单，其具体操作步骤如下。

01 登录邮箱，单击“写信”按钮进入写信页面，然后单击右上角的“贺卡”按钮。

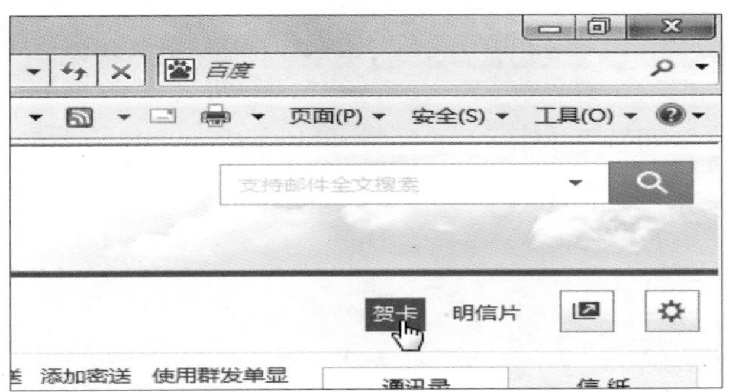

02 跳转至贺卡页面，在收件人处填写收件人的邮箱，系统自动将主题设置为贺卡的名称，如果你不愿意使用这个主题名称，也可以删除该名称之后自行命名。

03 在页面右侧选择想要发送的贺卡，然后在下侧的文本框中填写祝福语。如果你不知道祝福语应该写些什么，可以单击“祝福语模板”按钮，在打开的列表中选择祝福语的类型，如“礼物”。在打开的祝福语模板中单击即可将祝福语添加至文本框中。完成后再单击“发送”按钮，贺卡就发送成功了。

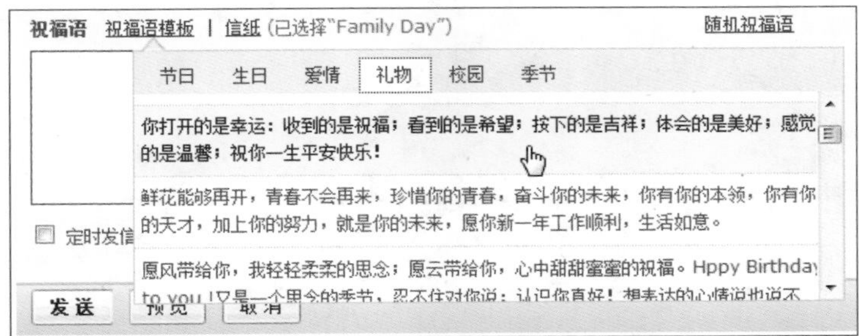

发送贺卡与发送邮件一样可以设置定时发送，如果你想在某个日子的某个时刻发送贺卡，则可以在文本框的下方进行设置。

电子邮箱中自带的贺卡多种多样，可以根据不同的用途选择不同的贺卡，再加上自己真诚的祝福，相信老朋友收到之后会十分开心的。

5.2.2 明信片的日常问候

除了发送电子贺卡之外，你还可以制作一张独一无二的明信片送给老朋友。在你制作的明信片上可以有你拍摄的动人风景，也可以有你与朋友年轻时的合影，保证老朋友收到之后会很惊喜。

不要认为制作一张明信片很麻烦，只需要简单的几个操作就可以完成，具体操作步骤如下。

01 登录邮箱，在“写信”页面中单击右上方的“明信片”按钮。

02 在打开的明信片页面中提供了多种模板，单击选择一个想要的模板即可。选择模板时，可以单击“分类”后的“用途”按钮来筛选适合自己的模板。

03 选择好模板之后，单击“挑照片”选项卡，选择一张照片以显示在明信片上。如果你对系统提供的照片都不满意，也可以单击“添加自定义照片”按钮，选择自己电脑里的照片。

04 分别单击“贴邮票”和“盖邮戳”选项卡，选择喜欢的图像作为邮票和邮戳。

05 单击明信片上的“单击这里填写内容”文本框，输入简单的问候文字之后，在“收件人”后的文本框中填写收件人地址，然后单击“发送”按钮。此时并不会直接发送明信片，而是先弹出“预览”窗口，显示对方收到这张明信片时的样子，如果确认无误就单击“确定”按钮，那这张明信片就发送成功了。

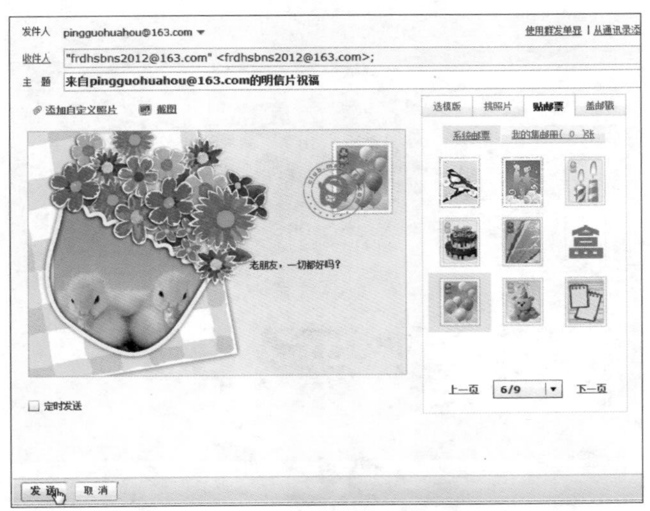

明信片并不需要在节日或生日时发送，平时想到朋友时就可以发送，让朋友知道自己一直记挂着他。

第6章

展示多彩的老年生活

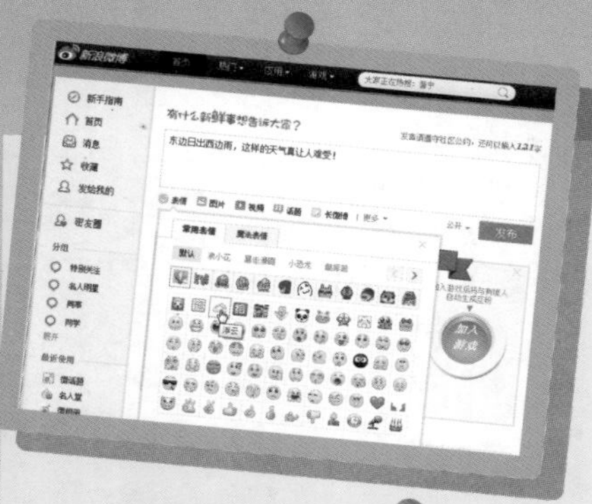

在浩瀚的网络上，不仅可以和好友聊天，还可以通过文字、图片向众多的网友展示自己的兴趣爱好，寻找更多有共同话题的朋友一起讨论。

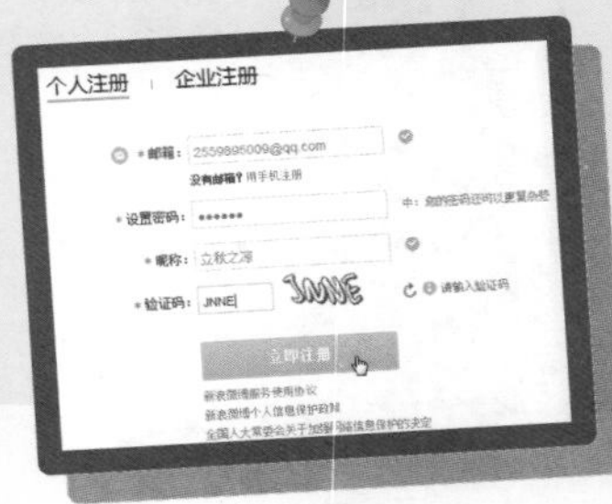

论坛和博客向大家提供了一个让老年人在网络上展示自己的幸福生活的平台。

6.1 老有所教，把经验传给大家

论坛是一个交流的平台，在论坛里，你可以找到很多有共同兴趣爱好的人，与他们分享自己的经验。

6.1.1 注册养花论坛账号

现在，很多中老年人退休之后都喜欢在阳台上种花、种菜，不仅可以陶冶情操，还能净化空气。那么，此处就以养花论坛为例，教你如何才能玩转论坛。

在使用论坛之前，需要先注册。专业的养花论坛很多，而"踏花行"是其中比较专业，"花友"聚集较多的论坛之一，注册"踏花行"论坛账号的具体方法如下。

01 启动 IE 浏览器，进入踏花行论坛（http://www.tahua.net），在论坛首页单击"立即注册"按钮。

02 因为"踏花行"论坛开启了"防机器注册"功能，所以需要在打开的页面中单击正确答案的超链接才能进入注册页面。进入注册页面后认真填写电子邮箱地址、验证问答、验证码等，填写完成后单击"提交"按钮。

*Email: pingguohuahou@163.com
注册需要验证邮箱，请务必填写正确的邮箱，提交后请及时查收邮件。
您可能需要等待几分钟才能收到邮件，如果收件箱没有，请检查一下垃圾邮件箱。
*验证问答: 54 换一个
刷新验证问答
*验证码: 24vh 换一个
刷新验证码
提交 同意网站服务条款

03 系统会发送一封邮件到注册的电子邮箱，打开电子邮箱之后读取邮件，并单击邮件中的超链接即可进入下一步。

04 单击“防机器注册”的答案之后进入注册页面，按要求填写用户名、密码、验证问题和验证码等，然后单击“提交”按钮。

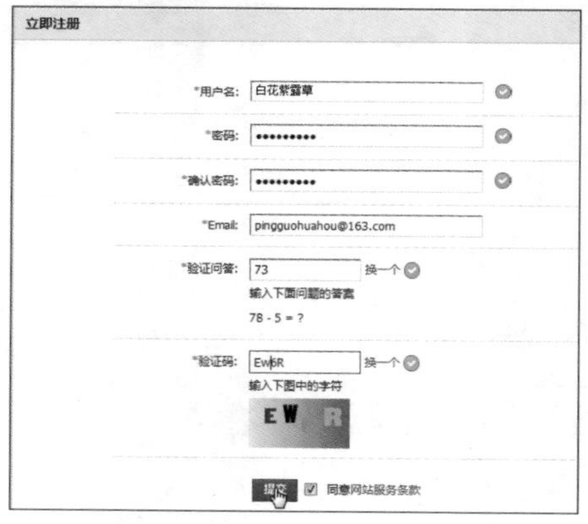

05 系统提示账号注册完成，页面会自动跳转至“踏花行”论坛首页。

要提醒一下，并不是所有论坛都开通了“防机器注册”功能，所以在注册其他论坛时步骤可能稍有不同，但总体来说并不会有太大变化。

6.1.2 查看和回复帖子

账号注册成功之后，就可以到论坛里逛一逛了，看一看有没有你感兴趣的话题，参与大家的讨论。具体的操作步骤如下。

01 打开 IE 浏览器，进入“踏花行”论坛，在右上方的文本框中输入账号和密码，然后单击“登录”按钮。

02 如果是综合性论坛则可能会有财经、社会、娱乐等板块，而“踏花行”论坛则是以植物的种类来命名。选择感兴趣的专题，如“球根植物”，单击该专题即可进入。

03 在打开的页面中将显示帖子的标题，单击某一个标题即可进入该帖。

04 进入之后就可以看到作者和网友的发言了。在论坛里，发言的作者一般称之为“楼主”，如果你只想看楼主的发言，则可以单击“只看该作者”超链接，取消则单击“显示全部楼层”超链接即可。

05 查看了帖子之后，你还可以发表自己的意见，在页面底端的文本框中输入想要回复的文字，然后单击“发表回复”按钮就可以了。除了回复文字之外，你还可以添加图片、表情等，让回复的内容更加丰富。

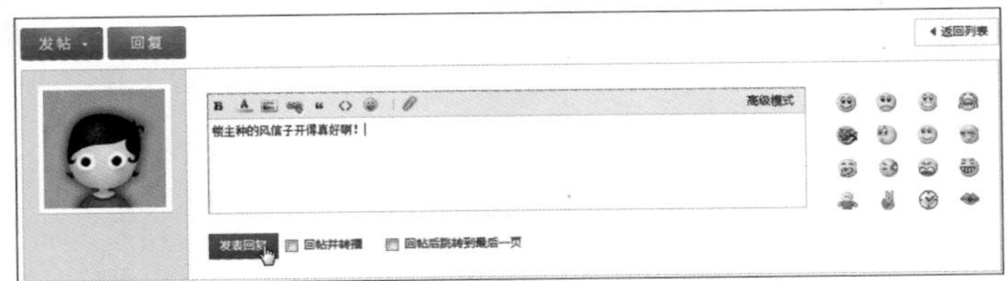

发表回复成功后，你的回复会显示在页面的底端，如果帖子已经有多页回复，那么你的回复则会显示在末页。

6.1.3 发帖说说你的经验

在看了几个帖子之后，你大概心痒难耐地也想发帖试一试了，不要再犹豫，马上开始吧。在你的帖子里，你可以把自己种花的成果与众人分享，也可以将自己的疑问表达出来寻求帮助。

那么，选择一个你想要讨论的板块和话题，新建一个属于你的“小楼”吧。在“踏花行”论坛发布帖子的具体操作方法如下。

01 启动 IE 浏览器，进入“踏花行”论坛并登录账号，然后选择一个感兴趣的板块进入。

02 在打开的板块中单击“发帖”按钮。

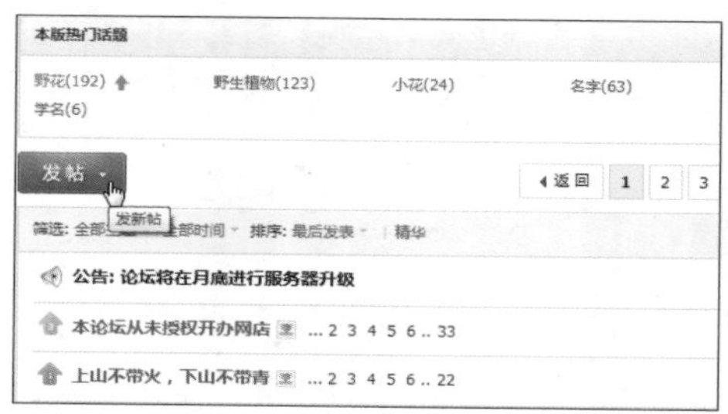

03 在打开的页面中编写帖子。在标题文本框中输入帖子的标题，然后在正文文本框中编写帖子内容。在内容文本框中可以添加文字、图片、表情、超链接、附件等内容，还可以设置字体的样式、颜色等。编写完成后单击“发表帖子”按钮即可成功发表，发表成功后的帖子自动跳转，你就可以查看发帖之后的效果了。

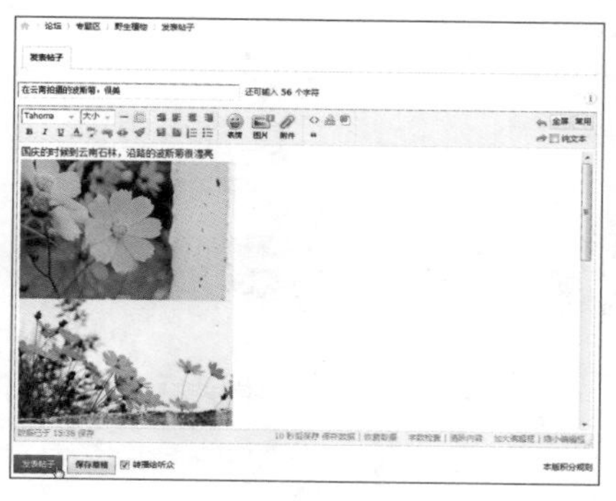

在编写帖子时，插入图片比较容易，但对于第一次接触论坛的人来说，插入图片或附件可能比较困难。因为插入图片和附件的步骤差不多，这里就以插入图片为例，告诉你如何插入图片。

01 在编辑帖子时如果需要插入图片，可单击文本框上方的“图片”按钮，在弹出的对话框中可以选择图片并插入，此处以插入电脑里的图片为例。

02 单击“选择文件上传”按钮，在弹出的窗口中选择需要上传的图片，然后单击“打开”按钮。图片上传完成后，可以在图片下方的文本框中输入对图片的描述，当然你也可以忽略不输。

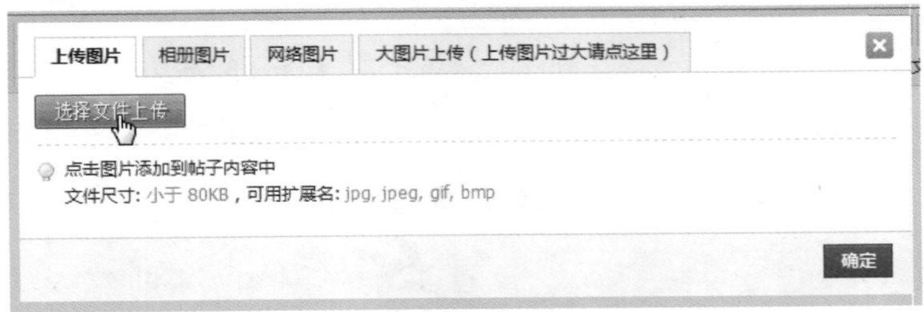

03 在帖子的正文中需要插入图片的位置单击后再单击图片，就可以看到图片被插入到需要的位置，然后单击“确定”按钮，图片就插入完成了。

在插入图片时需要注意图片的大小及格式，因为只有符合论坛要求的图片才能被添加到帖子里。

因为帖子是以回复的时间顺序排放的，如果你隔一段时间再来找自己发表的帖子可能要翻很多页才能看到。此时，你可以单击论坛右上方自己的用户名，在打开的页面中有你曾经发表的帖子，直接单击标题就可以查看了。

6.2 博客——属于你的网络日记本

如果说论坛是公共的讨论区，那么博客就是属于你的私人日记本。在博客里，你可以记录自己日常的琐事，也可以将自己当时的心情记录在博客上，还可以上传照片，记录下每一个精彩的瞬间。

6.2.1 申请并登录博客

每个博客都是一个私人空间，要拥有一个属于自己的博客，必须先申请博客账号。目前很多网站都提供了免费博客的服务，申请和使用方法也大同小异，所以此处就以新浪邮箱为例，介绍怎样申请博客账号。申请新浪博客账号的具体操作步骤如下。

01 启动IE浏览器，打开新浪博客首页（http://blog.sina.com.cn），然后单击“开通新博客”按钮。

02 在打开的注册页面中有“手机注册”和“邮箱注册”两个选项，此处以邮箱注册为例。单击“邮箱注册”选项卡，然后填写电子邮箱地址、密码、兴趣标签等，填写完成后单击“立即注册”按钮。如果没有电子邮箱，可以单击“邮箱地址”后的“我没有邮箱”超链接，可以立即注册一个新的电子邮箱，并同时开通新浪博客。如果使用其他网站的电子邮箱地址注册，系统会向该电子邮箱发送一封验证邮件，打开该邮件后单击激活超链接即可。

手机注册　邮箱注册

＊邮箱地址：　@sina.cn　常用邮箱注册

使用微博帐号直接登录

＊设置密码：

＊兴趣标签：新闻　娱乐　文化　体育　IT　财经　时尚　汽车　房产　生活

＊验证码：　看不清？

立即注册

03 注册信息通过后，在自动打开的网页中会让你设置博客名称、个性地址等信息，如实填写即可。填写完成后，单击“完成开通”按钮。

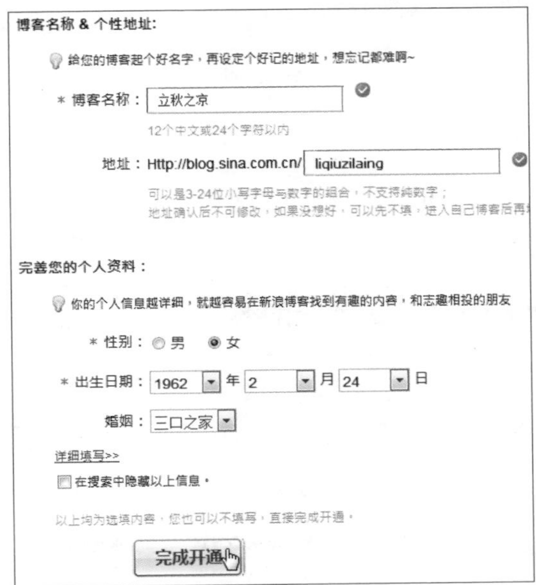

04 在打开的网页中提示你博客已经顺利开通了，不过新开通的博客需要进行简单的设置。单击“快速设置我的博客”按钮进入设置页面。

05 按照自己的喜好为你的博客选择一个整体的装扮风格，然后单击“确定，并继续下一步”按钮。博客的装扮风格在以后的使用中可以自由更改。

06 接下来的页面中会为你推荐一些有名的博客用户供你关注，你可以单击勾选感兴趣的用户，然后单击“完成”按钮完成关注，也可以直接单击“跳过这一步”按钮。

07 至此，你的博客已经完成了快速设置，单击“立即进入我的博客”按钮就可以开始你的博客之旅了。

第一次进入博客时，系统会为你推荐各个板块的优质博主，你可以根据自身的需求选择是否关注，如果不需要关注单击“不，谢谢”按钮即可关闭推荐。

而进入博客之后，会有新手向导提醒你修改昵称、头像等，你可以跟随新手向导学习博客的设置方法，也可以直接进入博客。

第二次进入博客时，需要输入账号和密码才能登录，所以不要忘记了账号和密码。所谓“好记性不如烂笔头”，用一个小本记录下账号和密码是最佳的办法。

登录博客的方法很简单，只需要打开新浪博客首页，在账号和密码文本框内分别输入，然后单击“登录”按钮就可以了。

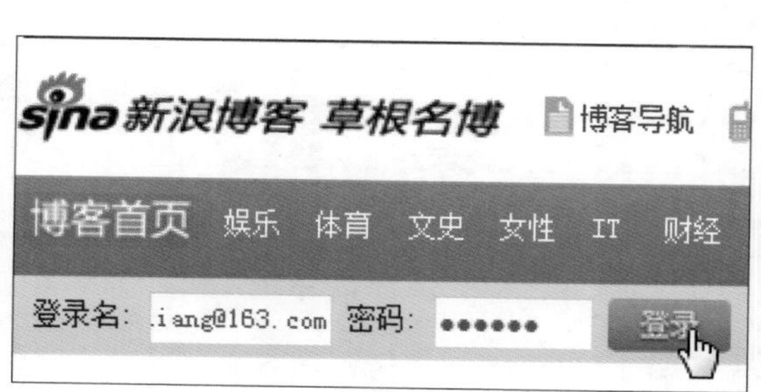

另外还有一种可以登录博客的方法，在你的博客名称下方有一个超链接，这是你博客的个性域名，你可以将这个个性域名放到浏览器的收藏夹中，想要登录博客时单击该域名就可以进入你的博客。只是，没有登录的博客处于不可编辑状态，你可以单击博客上方的“登录”按钮，在登录页面中输入自己的账号和密码，然后单击“登录”按钮就可以登录博客了。

登录了博客之后，你就可以对自己的博客进行编辑更新了。这是属于你自己的一片天地，可以随心所欲地打造自己的博客空间。

6.2.2　随心记录你的生活

人生中总有许多难忘的瞬间，为了防止遗忘，很多人都有了写日记的习惯。如今，在博客出现之后，大家开始把记录的地点转移到了网络。

博客的记录并没有章程可言，只要按照自己的心情随心记录就可以了。而且在你的博客里，不仅可以记录心情，还可晒出自己拍摄的照片、视频，而这些东西都可以和大家一起分享。当然，如果你有不愿意与大家分享的小秘密，也可以通过设置保留在“自留地”里。

还在等什么，登录你的博客，开始记录你的生活吧。

登录了博客之后，你会发现自己的博客空空如也，如同一张白纸的博客正等待着你来打造。接下来就开始写博客，为博客添上第一个心情随笔。

01 打开博客之后，单击博客右侧的“发博文”按钮，会弹出写博客的页面，这已经迈开打造博客之旅的第一步了。

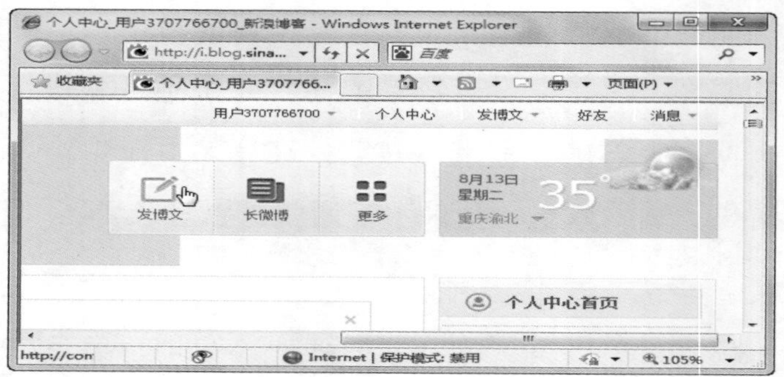

02 在弹出的“发博文”页面中可以撰写博客了。在标题栏中写下博客的标题，在下方的文本框中写下想要记录的博客内容。在博客正文的文本框上方有一排编辑按钮，可以随意改变博客的字体、字号、颜色等，还可以单击图片、视频、表情按钮在博文中插入图片、视频和表情。

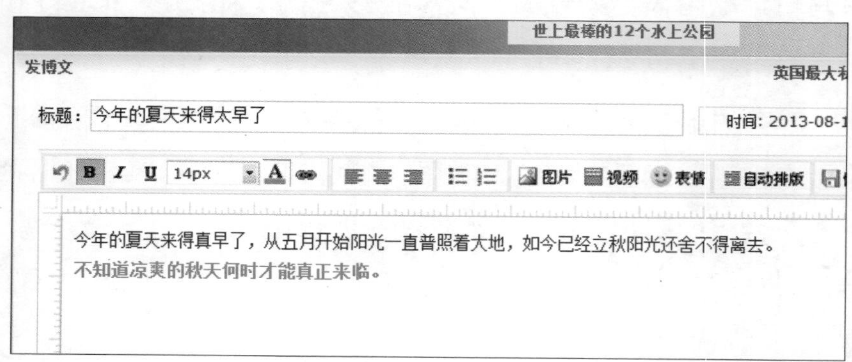

03 博文撰写完毕之后就可以发表了，在页面下方设置博客的分类、标签、阅读权限等，然后单击“发博文”按钮，系统会弹出提示提醒你的第一篇博客文章发表了。在提示窗口中单击“确定”按钮，就可以在打开的页面中看到自己发表的博客文章了。

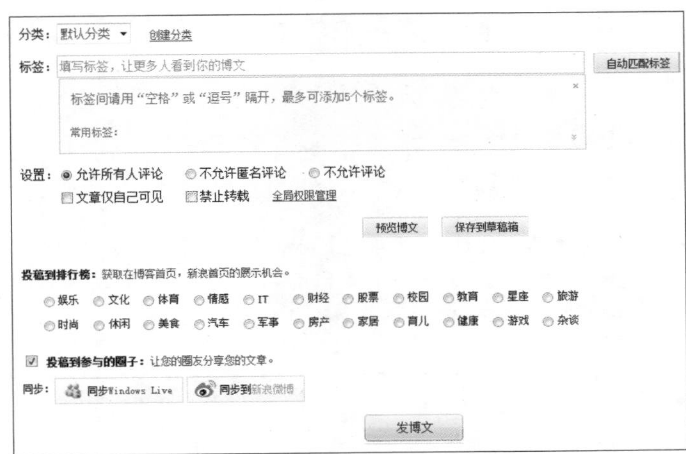

如果你要把博文分类，例如分为游记、生活小记、摄影日记等，可以创建新分类，并将每一篇博文分别存放到各个分类中。

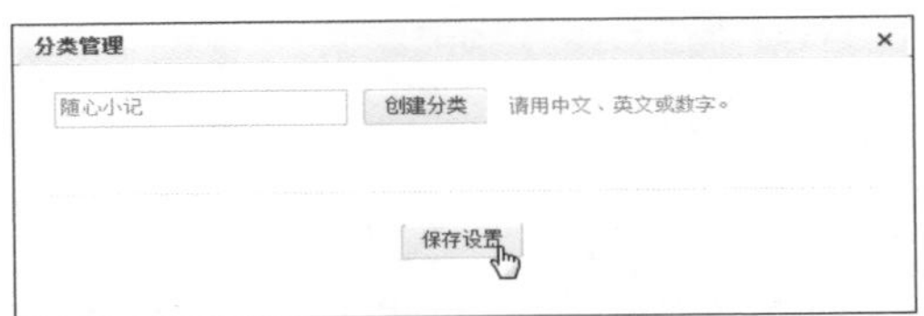

现在，你的博客中已经有了第一篇博文，是不是想要邀请老朋友一观呢？把博客的地址复制一下，通过QQ、电子邮件发送给老朋友，让他们与你一起分享你的心情吧。

6.2.3 有照片的日记更丰满

博客除了可以发表文字内容之外，还提供了相册功能，让大家可以把自己拍摄的照片、视频等上传到博客相册中供自己和他人浏览。图文并茂的博客可以增加美感，会让更多的网友前来观看，增加点击率和关注度。

现在，马上就为你的博客添加第一张照片吧，具体的操作步骤如下。

01 登录自己的博客之后，单击博客名称下方的“图片”超链接，打开的页面空空如也，从这里开始上传你的第一张照片吧。

02 上传你的第一张照片时，单击“上传图片”按钮可以添加照片，也可以单击右上角的“发照片”按钮，同样可以进入添加照片的页面。

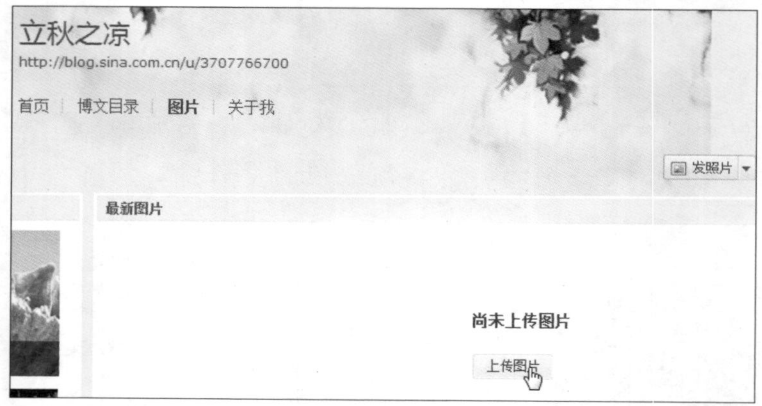

03 在打开的添加照片页面中，可以看到添加照片的步骤共分为三步，这里从第一步开始。单击“选择照片”按钮。在此按钮的下方有上传照片的格式和大小要求，只有符合要求的照片才能允许被上传。

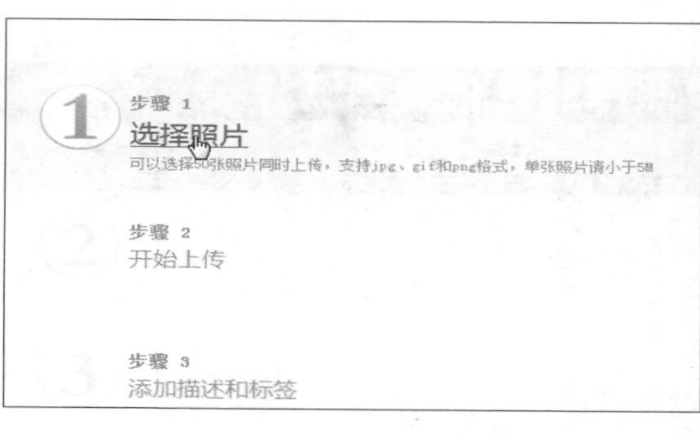

04 在弹出的“选择文件”对话框中选择需要上传的文件后单击“打开”按钮，此时，照片就被添加到博客相册页面了。如果你想要上传不止一张照片，在这里还可以单击“继续添加照片”按钮上传其他照片；如果你对某张照片不满意，想要取消上传，也可以单击那张照片后的按钮将其删除。

05 添加照片完成后，单击“开始上传”按钮，稍待片刻之后会提示你上传完成，照片已经上传到博客相册里了。

06 照片上传成功之后，可以为照片添加描述和标签，也可以跳过这一步，直接单击“返回我的相册”按钮返回相册查看照片。不过，为照片添加描述可以让欣赏照片的朋友更了解你拍摄照片时的心情，而添加标签则可以让更多的人通过关键字搜索到你的照片。为照片添加了描述和标签之后，单击“保存”按钮可以自动返回相册首页。

也许你会遇到有的照片上传速度快，有的照片上传速度慢的问题，此时不需要特别处理，照片上传的速度与照片的大小、网速的快慢均有关系，只要耐心等待即可。

07 回到相册之后，你就可以查看上传的照片了。照片的下方有几个操作按钮，如果你想更改照片的设置，都可以通过单击下方的按钮来完成，十分方便。如果你上传了多张照片，可以将一张最满意的照片设置为封面，相信可以吸引更多的人前来欣赏。

在相册中，除了可以上传照片之外，还可以上传视频，比起静态的照片，视频是不是更直观呢？你可以在这里存放家庭聚会的视频、在公园打太极的视频、孙子满月时的视频……一切值得纪念的视频都可以存放在博客中。

在博客中添加视频时，只需要单击“发照片”右侧的下拉按钮，在弹出的下拉菜单中单击“发视频”命令，然后按照提示完成上传操作即可。

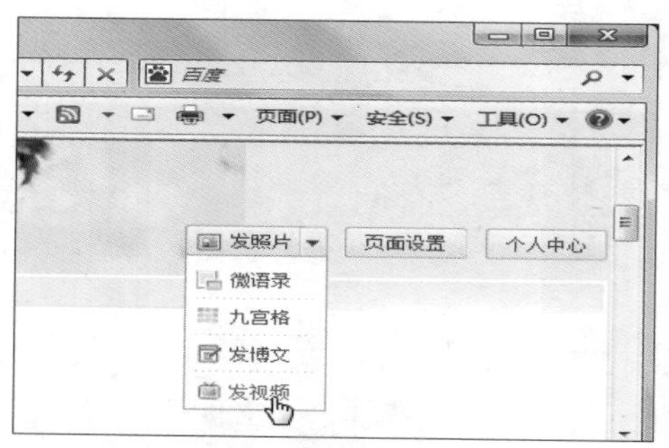

当照片和视频上传之后，你在写博客时就可以将照片和视频插入到博文中了，把你拍摄的有趣经历写下来，与朋友一起分享。

6.2.4 完善你的个人信息

完整的个人信息可以让大家更了解你，也能让失去联系的老朋友更容易找到你。但是在创建博客时，你并没有完整地填写个人信息，此时，你就需要登录你的博客来完善你的个人信息。

进入博客之后，可以看到页面左侧的“个人资料”栏，这里显示了博客主人的头像。默认的头像是灰色的新浪标志——“大眼睛”，下面除了要完善个人资料外，还要将灰色的“大眼睛”换成你喜欢的图片。

首先，先来完善你的个人信息，具体操作步骤如下。

01 登录新浪博客之后，单击头像上方的“管理”按钮，接着自动弹出个人信息页面。

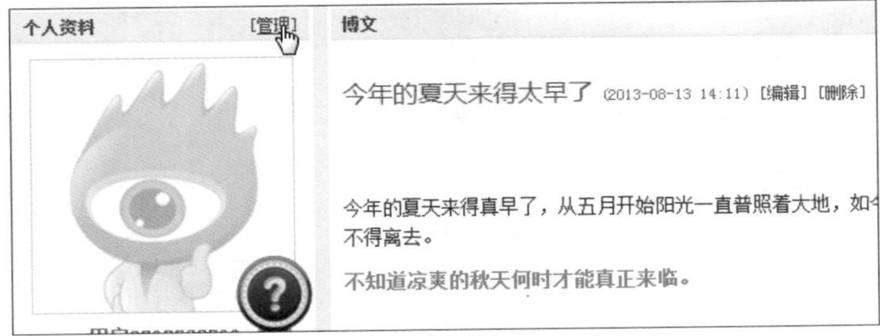

02 在个人信息中可以查看各种资料的完成程度，单击每一个项目的“编辑”命令进入可编辑状态，填写资料后单击“保存”按钮即可。

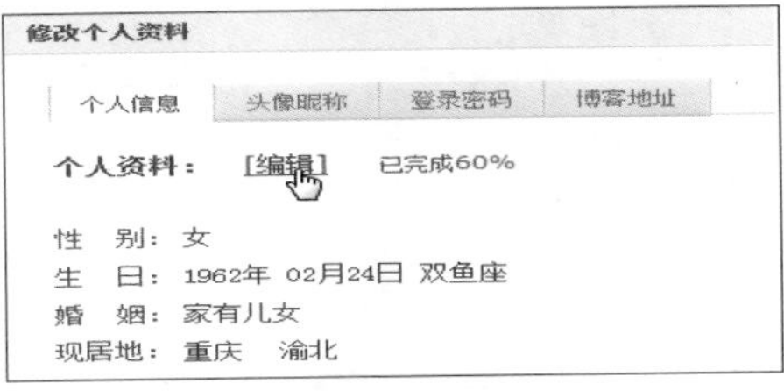

个人信息修改完成之后，是不是还想修改一下头像呢？修改头像的具体步骤如下。

01 进入修改头像页面的方法有两个，一是在登录博客之后单击左侧的头像图片即可进入，二是在“修改个人资料”页面中单击“头像昵称”选项卡，也可进入修改头像的页面。你可以根据自己的喜好选择任意一种进入。

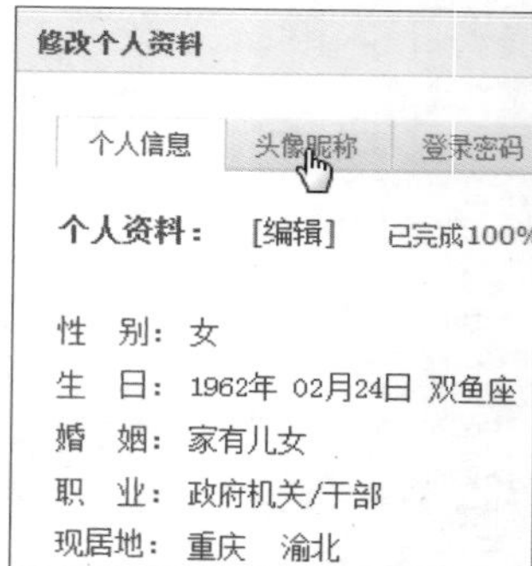

02 在“头像昵称”页面中可以修改昵称和头像。修改昵称时，直接删除昵称文本框中的原昵称，修改为自己想要的昵称即可。

03 修改头像时，需要先单击“浏览”按钮，在弹出的对话框中选择想要设置为头像的图片，然后单击“打开”按钮后自动返回“头像昵称”页面，这时就可以看到图片出现在网页中了。拖动图片上的蓝色方框调整头像，设置完成后单击“保存”按钮，新头像和新昵称就修改完毕了。

04 当系统提示你修改成功后，单击“确定”按钮可以自己返回你的博客首页，此时你会发现，你的头像已经更改成功。

也许有的时候修改了头像之后并不能立即显示出来，其实这并不是没有修改成功，而是因为网络延迟。你不需要做任何事情，只需要等待一段时间之后就可以看到新的头像了。

6.2.5 打造怀旧的博客风格

在创建博客时，你已经为自己的博客选择了一个喜欢的模板风格，如果你使用之后发现并不喜欢这个模板风格，或者想隔几天换一个风格，可以使用以下方法。

新浪博客为用户提供了多种多样的博客模板，你可以通过页面设置选择并使用这些模板，打造属于你的博客风格。更改博客风格的具体操作步骤如下。

01 登录你的博客，单击右侧的“页面设置”按钮，进入风格设置页面。

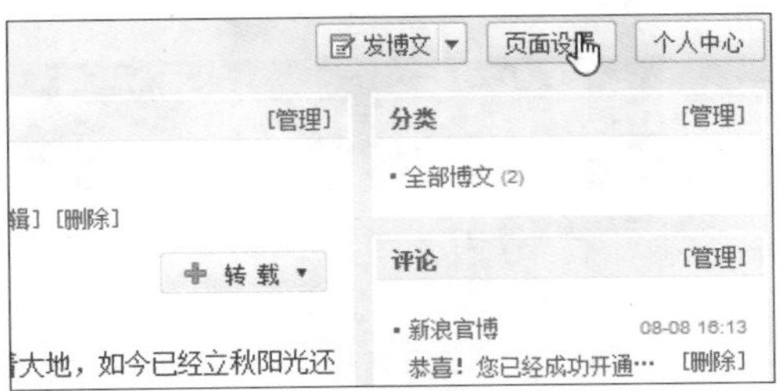

02 在打开的页面中默认显示的是最新的模板，如果最新的模板中没有你喜欢的样式，可以单击分类类别来筛选想要的模板。如果想要怀旧风格的模板，最好在“人文”类别中寻找，所以此处单击“人文”命令。在“人文”类别中寻找喜欢的模板，找到后单击该模板，在页面下方可以预览该模板的效果，如果对该模板满意，单击“保存”按钮即可使用该模板。

03 页面自动回到博客首页，你可以发现你的博客已经旧貌换新颜了。

学会了更换博客的模板之后，当你看腻了当前模板，可以随时更换，甚至可以让你的博客每天都穿新“衣服”。这是属于你自己的空间，你可以随意更换自己喜欢的样式，把博客空间装扮得多姿多彩。

6.3 用微博记录心情

除了博客之外，微博也是记录心情的一个好地方。微博的记录以“微”为主，每一条微博都被限制了字数，更适合用来记录每一天不同时候的心情。如果把博客比喻为“日记本”，那么可以把微博当成一个“便签本”，随手记录身边发生的事情和心情。

6.3.1 找个地方说心情

每个人每一天、每一刻的心情都会有所改变，看到身边发生的事情会有感悟，想到年轻时的冲动亦有感慨。不妨找一个地方将这些感悟心得记录下来，可以在闲暇时回顾自己往日的心路历程。

自从微博出现之后，其无疑是记录心路历程最佳的场所，目前很多网站都提供了微博平台。在使用微博之前，先要注册微博账号。下面就以新浪微博为例，介绍微博账号的注册方法。

01 启动 IE 浏览器，打开新浪微博首页（http://weibo.com），单击“立即注册”按钮。

02 在打开的注册页面中填写邮箱、密码、昵称及验证码，填写完成后单击“立即注册”按钮即可。如果你已经申请了新浪博客，那么会直接为你开通微博，不需要再注册。

03 在接下来的页面中根据提示设置你的微博，首先设置你的基本信息，如所在地、性别、生日、学校等信息。设置生日后，如果不愿意别人知道你具体的出生时间，可以单击生日后的下拉菜单，选择保密或公开部分信息。填写完成后单击“下一步”按钮。在填写基本信息时，只有带有“*”的选项是必须填写的信息，其他例如学校、公司等信息都可以选择性地填写。但是，填写的信息越完整，你的老朋友在微博上搜索到你的几率就越大，如果你想让更多的老朋友通过微博找到你，可以考虑把信息填写完。

04 在下一个页面中，系统会推荐各个你可能感兴趣的板块供你关注，选择其中的 1 ～ 5 个，然后单击“进入微博”按钮，你的微博就注册成功了。

05 进入微博之后，系统会自动启动新手教学功能，向你介绍微博的使用方法。一直单击“下一步”按钮学习微博的操作方法，学习完成后单击“知道了”按钮退出新手教学功能。

如果不是使用新浪的电子邮箱注册的新浪微博账号，在进入微博之后会收到激活账号的提示，只有成功激活的账号才能使用新浪微博的全部功能。所以，现在就来激活账号吧，其具体操作步骤如下。

01 单击新浪微博上方的“立即激活”按钮，进入电子邮箱首页。

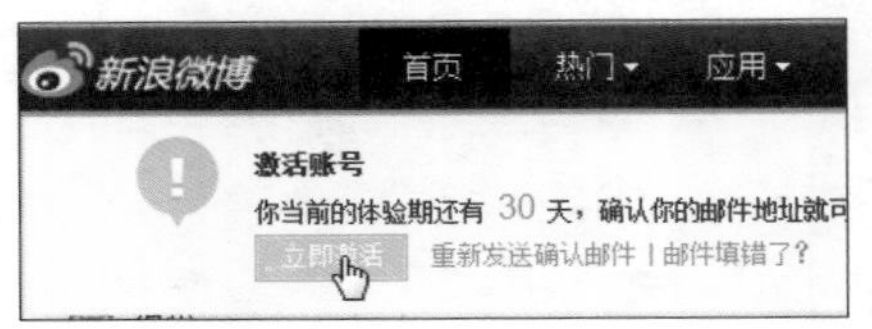

02 登录电子邮箱，找到新浪微博发送的开通微博确认邮件，单击激活超链接之后就正式开通新浪微博了。

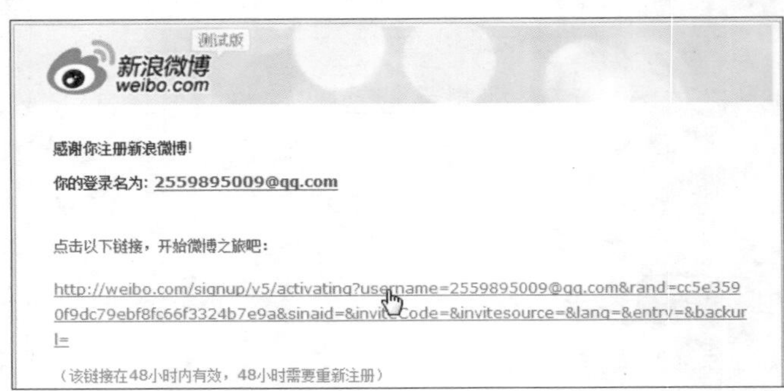

现在，你已经有了一个属于你的微博，这个“网络便签本”只要在有网络的地方就可以随时随地记录你的点滴心情。

6.3.2 记录你此时的感受

一般撰写微博都是发表博主当时的心情和经历的事情，几句简短的话就可以了。下面就来看一下在微博中发表微博的具体方法。

01 登录微博，在导航栏下方的文本框中输入想要发表的文字信息，然后单击“发布”按钮即可发出一条微博。如果你觉得只发表文字信息太单调，还可以在文本框下方单击“表情”、“图片”、“视频”等按钮，在微博中插入表情、图片、视频等，丰富微博内容。但是文字信息与其他信息加起来不能超过 140 个字，标点符号也要算在字数当中。

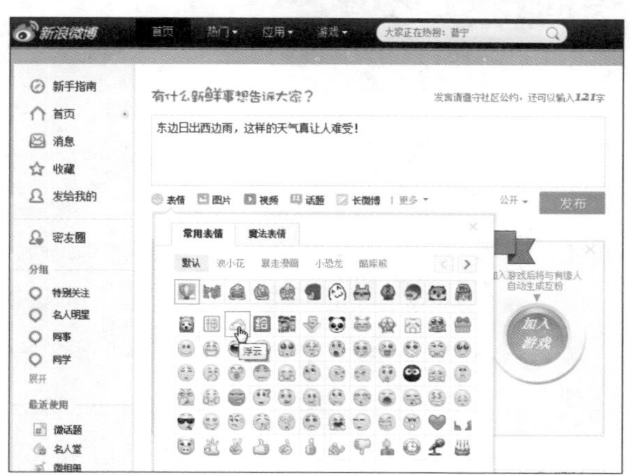

02 发表了微博之后，最新发布的微博就可以在页面下方显示了。

如果你想要发表的微博不止 140 个字，现在微博又提供了长微博功能，单击文本框下方的“长微博”按钮，在弹出的长微博工具中输入想要发表的微博文字、图片等信息，输入完成后单击“生成长微博图片”按钮，就可以将文字内容以图片的形式发表到微博中了。

6.3.3 关注名人的微博

也许你一直认为名人是远在天边的风景，只适合远观，可自从微博出现后，各路名人都出现在微博上了，名人的日常生活开始出现在人们的视野中。如果你也有关心的名人，不妨将其加入到关注列表，让你与他的生活更加贴近。关注他人微博的具体操作步骤如下。

01 登录微博，在导航栏右侧的搜索框中输入需要关注的好友昵称，这里以“六小龄童”为例。输入完成之后单击“搜索”按钮🔍。

02 在打开的页面中显示搜索到的用户，单击要添加关注的用户右侧的“加关注”按钮即可成功关注该用户。此时系统会弹出分组菜单，你可以为该用户添加备注名称，并将其分组。系统默认有“特别关注”、“名人名星”、“同事”、“同学”几个分类，如果想添加新分组，可以单击“创建新分组”按钮，新建一个你想要的分组。

成功关注他人的微博之后，当该用户的微博有更新时你会收到提醒，这样你就可以在第一时间了解他的动态了。如果过

一段时间，你不再想关注该用户了，也可以取消关注，取消关注的具体操作步骤如下。

01 将鼠标指针移动到左侧分组栏中，这时显示“管理”按钮，单击该按钮进入分组管理。

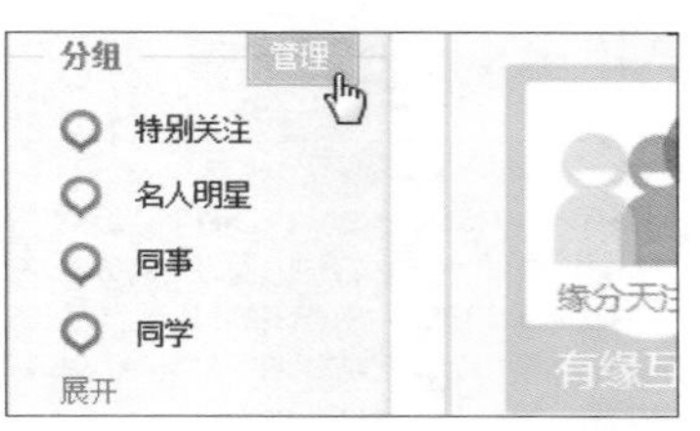

02 在关注列表中找到想要取消关注的用户，将鼠标指针移动至该用户名称上，在弹出的菜单中单击“取消关注”命令即可。

如果你想在微博上找到可能认识的人，也可以在“找人”页面中输入特定信息，如区域、公司等信息。如果你只是想随机关注一些人，新浪微博也会为你推荐一些活跃的用户供你选择。

也许你还不是很适应微博这种便签式的记录方式，但只要你开始使用微博、了解微博，相信你很快会喜欢上微博的。

6.3.4 好东西要一起分享

在微博中看到一些精彩的内容，你是不是想大声称赞一番，并发表自己的评论？此时，你可以使用微博的评论功能写下你想要说的话，和好友在微博上互动是微博的另一个魅力。

想要发表评论时，可以按照以下步骤来操作。

01 在需要评论的微博下方单击“评论”按钮，弹出评论文本框，在弹出的文本框中输入评论的内容，然后单击“评论”按钮。

02 评论成功之后，你与其他人的评论内容都会显示在该条微博的下方。

如果你想对其他人的评论内容发表意见，也可以单击“回复”按钮，在输入回复内容后单击“评论”按钮。如果你发表了一条错误的评论，也可以将其删除，微博具备删除自己的评论功能。

如果你觉得某一条微博实在太精彩了，想转发到自己的微博中，也不需要复制、粘贴，微博提供了转发的功能。如果你想要转发某一条微博，按照以下的步骤操作即可。

01 在需要转发的微博右下方单击“转发”按钮，会弹出转发窗口。

02 在转发窗口的文本框中输入转发理由，然后单击“转发”按钮即可。转发理由并不强制要求输入，你也可以不输入直接转发，还可以单击文本框下方的表情按钮，插入丰富的表情。

03 转发成功后，你就可以在“首页”中查看到转发的微博了。

当学会评论和转发微博之后，你就可以在微博上轻松地跟他人互动了。在微博上随时关注好朋友的动向，参与好朋友的微博评论，让微博成为维系朋友之情的另一条纽带。

第7章

电脑游戏随心玩

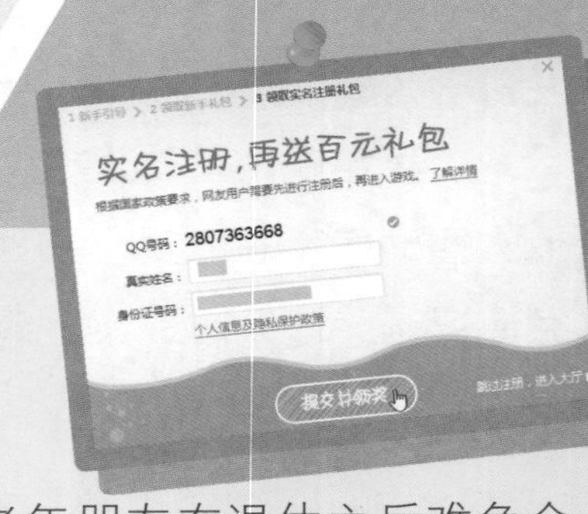

中老年朋友在退休之后难免会无聊，闲来无事时在网上下象棋、玩小游戏也是一种不错的选择。不要总以为玩游戏是玩物丧志，玩电脑游戏不仅可以打发时间，还可以锻炼大脑的灵活性，一举多得。

7.1 与网友一起玩游戏

QQ 游戏是一款多人在线的联机游戏平台，其内置了多种常见的棋牌游戏，深受广大用户的喜爱。在电脑里安装了 QQ 游戏就等于有了成千上万的朋友与你一起畅玩游戏，你不用再到公园找对手下棋了。

7.1.1 打开“游戏大厅”的大门

要想在电脑上与网友一起玩游戏，必须先把“游戏大厅”请到电脑里，然后才能打开“游戏大厅”的大门。不要以为这是一个复杂的操作，实际上为了方便广大用户，如今在安装 QQ 时已经自动安装了 QQ 游戏，这等于已经把“游戏大厅”请进了电脑中，当你想要玩 QQ 游戏时，首先要做的是找到打开“游戏大厅”的钥匙而已，而这把钥匙就是 QQ 的账号和密码。

使用 QQ 号码登录 QQ 游戏即可，具体操作步骤如下。

01 在 QQ 面板中单击“QQ 游戏”按钮，或双击桌面上的“QQ 游戏”图标，运行 QQ 游戏。如果是使用前一种方法登录 QQ，系统会自动验证账号，并登录 QQ 游戏，如果是单击桌面图标登录，则需要在弹出的 QQ 游戏登录对话框中输入 QQ 号码和密码，然后单击“登录”按钮才能进入 QQ 游戏。

02 如果你是第一次登录“游戏大厅”，在登录时会弹出新手教程，作为新手最好学习一下，而且学习完之后还有礼包赠送。在学习新手教程时，根据提示单击下方的按钮即可。

03 新手教程中有一步需要进行实名注册，在窗口中填入姓名和身份证号码后再单击“提交并领奖”按钮继续下一步。

04 学习完成之后，单击“进入游戏大厅”按钮即可进入 QQ 游戏大厅。在你查看新手教程的过程中，随时都可以单击右下角的“路过引导”按钮，或通过单击右上角的“关闭”按钮关闭新手教程，直接进入 QQ 游戏大厅。

现在，你已经进入了 QQ 游戏大厅，这里有很多你以前玩过的游戏或根本没有听说的游戏。你是不是已经迫不及待地想要玩一玩呢？那就赶紧约上好友，一起来游戏吧。

7.1.2 自得其乐“斗地主”

斗地主是风靡中国大江南北的一个牌类游戏，只需要三个人就可以进行，其深受广大牌友的喜爱。该游戏是由三个人玩一副牌，地主为一方，其余两个人为一方，双方对战，先出完手中牌的一方获胜。

可是进入 QQ 游戏大厅后，并不能马上开始游戏，因为“游戏大厅”中并没有下载所有的游戏，第一次玩游戏时都需要下载和安装。下面就以 QQ 斗地主为例，介绍下载和玩 QQ 斗地主的操作步骤。

01 登录 QQ 游戏大厅，单击上方的“游戏库”按钮，单击“全部游戏”超链接，再单击“牌类”超链接。在打开的列表中有很多种牌类游戏，光斗地主游戏就有好几种，在选择时不要挑花了眼，只需要选择最基础的斗地主即可。找到想要的游戏之后，单击游戏右侧的“详情”按钮。

02 在打开的页面中有斗地主游戏的基本介绍，确认是自己要玩的游戏之后，单击“开始游戏”按钮后游戏将自动开始下载和安装。

03 游戏安装完成后，会随机选择房间进入游戏，但下次并不会自动进入房间，需要你自己选择。游戏安装完成后图标会添加至左侧“我的游戏”中，单击游戏图标即可进入。

04 在游戏列表中展开游戏房间，双击某一个房间即可进入。因为每一个房间只能容纳350人，所以在进入时尽量选择人数较少的房间。

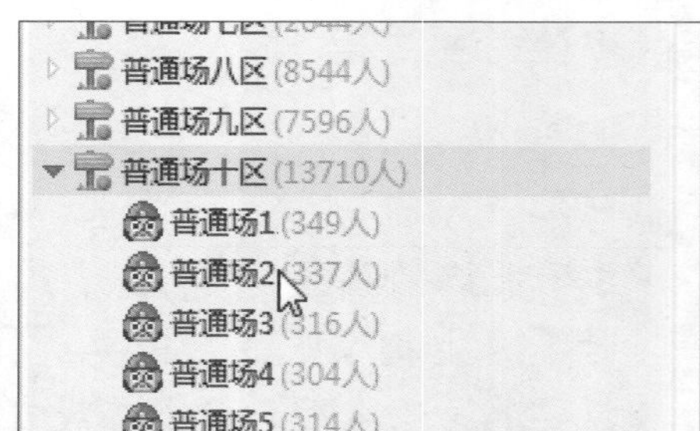

05 进入游戏房间之后，有很多张游戏桌，每张游戏桌可以坐三个玩家，找到一个空位后单击即可坐下。如果座位上已经有人，你单击这个人后也可以进入该游戏桌，但只能以旁边者的身份观看游戏。

06 成功进入游戏桌后，会弹出游戏窗口并运行游戏，单击窗口下方的"开始"按钮即可准备玩游戏。当三位玩家都准备完毕后，系统就开始发牌，并随机获取当地主的资格。如果自己获取了当地主的资格，可以选择游戏的分数或单击"不叫"按钮拒绝当地主。

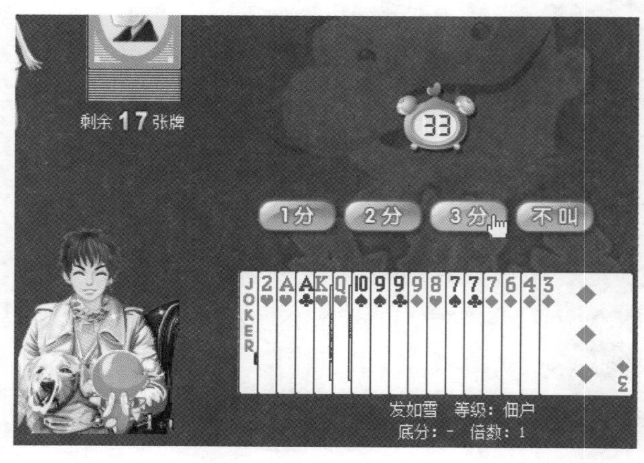

07 开始游戏之后就可以等待出牌了，出牌时需要先单击要出的牌将其抽出，然后单击“出牌”按钮或单击鼠标右键即可出牌。出牌的顺序为逆时针方向，每轮出牌的时间均有限制。轮到自己出牌时，可以选择出牌或单击“不出”按钮跳过此轮出牌。

08 当某一方将手中的牌全部出完之后，游戏就结束了，此时会弹出小窗口显示本局得分情况。查看之后如果要继续游戏，可单击“开始”按钮准备，如果要退出游戏，则单击窗口右上方的“关闭”按钮。

因为 QQ 斗地主游戏很受欢迎，你可能经常会遇到找不到空位的情况，此时有两种方法可以让你快速找到座位。

第一种是进入斗地主页面之后，单击房间列表上方的“快速开始”按钮，会随机选择房间和桌位进入游戏。第二种是进入某个房间之后，单击“快速加入游戏”按钮，即可随机选择桌位进入游戏。

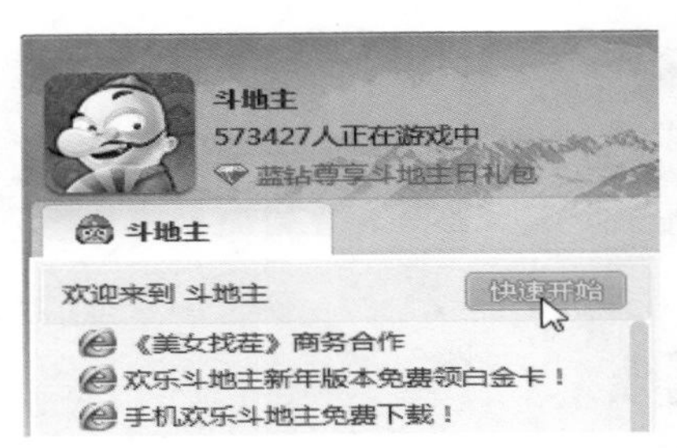

在 QQ 游戏里玩斗地主的方法你学会了吗？是不是跟现实中玩的游戏一样呢？而且在网上斗地主还有一个好处，不知道出什么牌时可以单击“提示”按钮请求系统提示，不要以为电脑都是机械化的思维方式，也许系统的提示可以让你赢得一局呢。

7.1.3 打麻将不怕“三缺一”

麻将是日常生活中常见的棋牌娱乐活动，家里有朋友到来时，总会拿出麻将玩上几把。可是，打麻将需要四个人才能进行，如果平时想打麻将怎么办呢？别急，在网上一样可以和网友一起打麻将，根本不用担心“三缺一”。

麻将因为地域的不同，玩法也有所不同，QQ 游戏中也将麻将分为了多个类型，例如有武汉麻将、成都麻将、台湾麻将等。虽然玩麻将的规则有所不同，但操作方法却是一样的，只要学会一种麻将的操作方法，其他麻将也能轻松操作。

下面就以四川麻将为例，介绍在 QQ 游戏中玩四川麻将的方法，其具体操作步骤如下。

01 启动 QQ 游戏大厅之后，在游戏库中安装四川麻将，然后单击“我的游戏”中的“四川麻将”图标进入游戏。

02 在游戏列表中展开房间列表，选择一个比较空闲的房间，单击进入。

03 房间里有很多游戏桌，每一桌可以坐四位玩家，找到一个空位单击坐下后会运行游戏并弹出游戏窗口。此时，单击窗口下方的“开始”按钮准备游戏。

04 当房间坐满四位玩家，并全部准备完毕后，系统就开始发牌并开始游戏了。轮到自己出牌的时候，单击想要出的牌即可。如果遇到可以和牌、碰牌等情况时，系统会进行提示，单击相应的按钮即可进行相关操作。

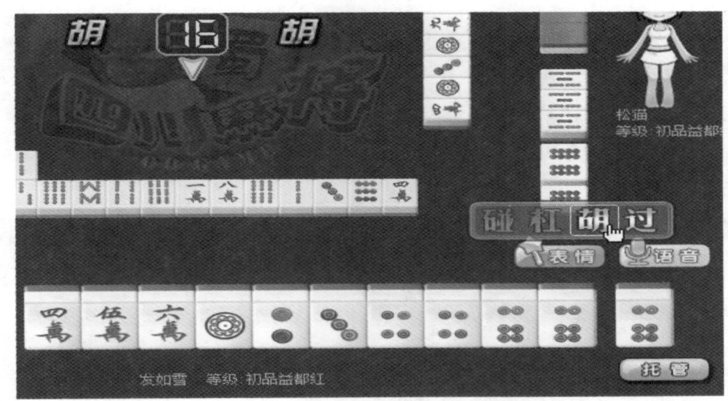

05 当三方都胡牌后游戏宣告结束，此时会弹出小窗口显示得分情况。如果想要继续玩游戏，可单击“开始”按钮准备玩游戏，如果想要退出游戏，单击窗口右上角的“关闭”按钮即可退出游戏。

因为每一个地方的麻将玩法都有差异，如果你想尝试其他地方的麻将，最好先研究一下具体的玩法。

在 QQ 游戏大厅中，不仅能玩熟悉的家乡麻将，还能体会异地的麻将风格，玩法多种多样。你还可以邀请几个老朋友一起上网玩麻将，在 QQ 游戏中创建一个带密码的“包房”。

这里所谓的“包房”是一个带密码的游戏桌，因为 QQ 游戏是一个大众化的游戏平台，在线同时玩的用户很多，找座位也颇具随机性，为了防止你选中的游戏桌被他人占坐，为游戏桌设置密码是最佳的选择。为游戏桌设置密码的具体操作步骤如下。

01 进入 QQ 游戏之后选择某个房间，单击该游戏工具栏中的“更多功能”下拉按钮，在弹出的下拉菜单中单击“房间设置”命令。

02 弹出“房间设置”对话框，在“密码设置”栏中输入密码，然后单击“确定”按钮，房间的密码就设置完成了。然后选择一个空闲的游戏桌，单击坐下后，将房间号和桌位号告诉好友，一个属于你们的“包房”就创建成功了。

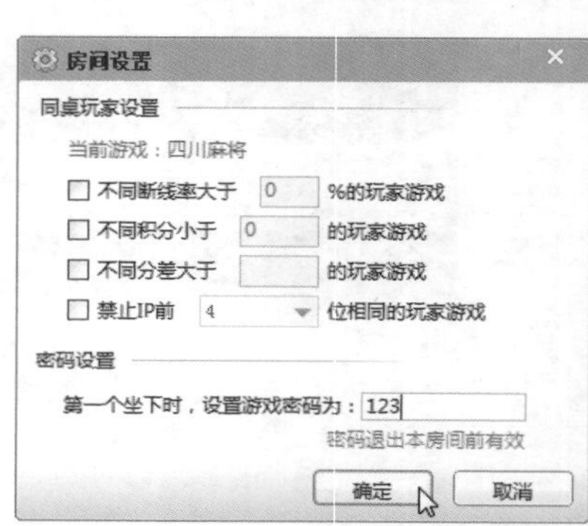

想要进入设置了密码的游戏桌需要输入正确的密码，所以你完成不用担心有陌生网友的打扰。只是，当你退出游戏时，密码会自动失效，下次再想使用“包房”时再重新设置即可。

在 QQ 空间中还可以下象棋或者玩其他的游戏等，方法与上面介绍的操作步骤类似，这里就不再赘述了。

7.2 玩玩网页小游戏

网页游戏一般是通过 Flash 软件和 Flash 编程语言 Flash ActionScript 制作而成的，是放在网站上供大家休闲娱乐的游戏。Flash 游戏一般比较小巧，在网速较快的情况下很快就可以开始玩游戏了。

7.2.1 在 QQ 空间做农夫

QQ 空间中提供了很多趣味性的游戏，如抢车位、摩天大楼、QQ 农场、魔法卡片等，在 QQ 空间中玩游戏不仅可以自娱自乐，还能和好友互动，比起单机游戏增添了许多趣味。可是，刚登录 QQ 空间时，其中并没有添加游戏，这时需要你自己将感兴趣的游戏添加到应用列表中，以方便使用。

QQ 农场是近年来很火暴的游戏，你肯定不愿意错过。在 QQ 空间中添加 QQ 农场的具体操作方法如下。

01 登录 QQ，在 QQ 面板中单击用户头像右侧的“QQ 空间信息中心”按钮，打开 QQ 空间个人中心。单击左侧的“添加应用”按钮。

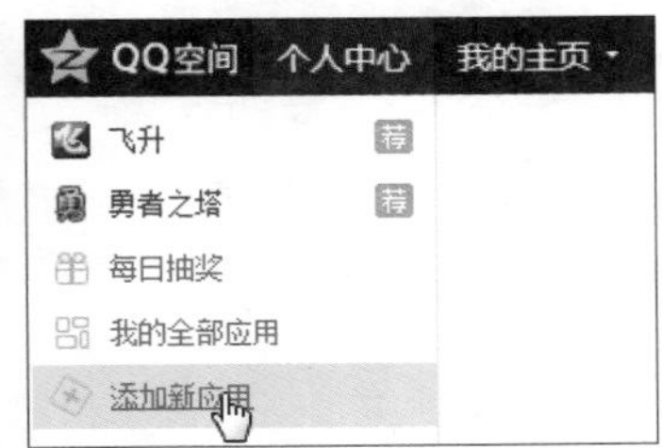

02 在打开的页面中找到想要添加的 QQ 应用，找到 QQ 农场并单击“QQ 农场”的图标。如果在网页上方的搜索文本框中输入“QQ 农场”，然后单击“搜索”按钮，可以快速地找到“QQ 农场”。

03 找到 QQ 农场之后，单击“添加”按钮，QQ 农场就添加成功了。此时系统会自动将你带入 QQ 农场的页面，你就可以开始在 QQ 农场中种菜、收菜了。如果你下次想要再进入 QQ 农场，在进入 QQ 空间时就会发现，页面左侧的应用栏中已经添加了 QQ 农场的超链接，单击就可以进入了。

第一次进入QQ农场时你也许不知道应该干什么，不要担心，QQ农场为新手提供了新手引导，跟随新手引导的脚步就可以轻松玩转QQ农场。在QQ空间玩QQ农场的具体操作步骤如下。

01 进入QQ农场后，仔细阅读新手引导，了解QQ农场的基本操作方法，看完一个新手引导页面之后单击“下一步”按钮进入下一个新手引导页面。学习完成后单击“我明白了”按钮，此时系统会分派给你一个新手任务，让你能更快熟悉QQ农场的操作，单击“接受”按钮即可接受任务。

02 根据提示收获QQ农场中的成熟农作物，收获成功之后会弹出提示，告诉你任务已经完成并获得奖励，单击“进入一个任务”按钮进入其他操作的学习。新手任务都非常简单，完成任务之后QQ农场的基本操作也就学会了。

可是，仅仅会基本操作肯定是不行的，自己的农场当然要好好装饰一番才行。每个新手玩家进入农场后的装饰都是默认的，如果想建造一个特别的农场，需要到商店里购买装饰。购买并装饰农场的操作步骤如下。

01 单击“商店”按钮，在打开的商店中切换到“装饰”选项卡，在下方的装饰列表中选择喜欢的装饰。选中一个装饰之后，单击对应图片即可打开“购买装饰”窗口，如果想要看该装饰在农场中的效果，单击“预览”按钮即可。选中之后，单击“确定“按钮，该装饰就放入你的装饰物品中了。

02 购买了装饰之后，需要进入“我的装饰”页面将装饰物品添加到农场。单击“装饰农场”按钮，在打开的装饰中显示了你正在使用的装饰和已经购买的装饰，单击想要使用的装饰即可将其装饰在自己的农场中。关闭“购买装饰”窗口后即可返回农场，在农场里你可以看到农场已经焕然一新了。

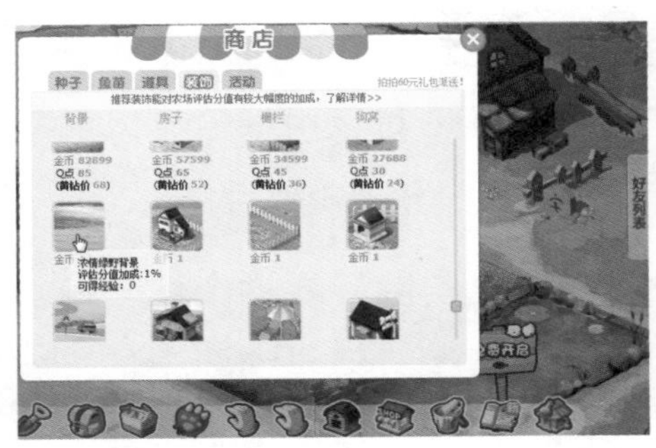

购买装饰需要花费金币，而在农场里种植蔬菜再卖出是获得金币的主要来源，为了能购买更多更漂亮的装饰，你需要勤劳地播种。当然，还有一种可以获得金币的方法，就是到好友的农场里偷菜。在 QQ 农场中偷菜的具体操作步骤如下。

01 单击右侧的“好友列表”，弹出正在玩QQ农场的QQ好友列表，单击“可操作”选项卡筛选好友。如果好友的名称后有一个小手图标，则表示该农场有菜可偷，单击该好友进入他的农场。

02 进入好友农场之后，鼠标指针自动变为“一键收获果实／捞鱼”，在成熟的农作物上单击鼠标之后，系统将自动摘取好友成熟的果实。

在好友的农场里，除了偷取果实之外，你还可以做一个乐于助人的好人，有的好友农场里长了草、长了虫，你可以顺手帮忙除草、除虫，而做了好事后系统也会给予奖励的。

如果你有耐心，你可以把有成熟果实的好友挨个偷一遍，虽然每次偷取的果实不多，但会积少成多。但是你要记住，当你在偷取他人的劳动果实时，你的农场中成熟的果实也是好友的目标，所以不要忘记在规定的时间内收菜，要不然你的果实就成了他人的盘中餐。

7.2.2 玩玩 Flash 小游戏

Flash 游戏通常按照游戏类型，以及玩家的数量来区分。一般分为益智、换装、动作、策略、体育、棋牌、射击、敏捷、休闲、综合等类型。由于一些游戏支持两名玩家，又被称为双人游戏。此外，还有部分网站按照用户年龄划分出了儿童游戏。下面以“3366 小游戏”网站（http://www.3366.com）为例，介绍在线玩 Flash 游戏的具体操作步骤。

01 打开 IE 浏览器，开启“3366 小游戏”首页，在打开的页面中有很多小游戏的链接。首页上的小游戏都是最新的热门游戏，可以随意单击打开，然后开始游戏。如果你并不喜欢这些游戏，可以从分类列表中寻找想要玩的游戏。页面上方将游戏分为了益智、动作、射击、敏捷、冒险等各大类，单击感兴趣的类别超链接进入游戏列表。例如单击“射击”超链接。

02 打开的页面中呈现的是属于射击类的游戏，选择一个自己喜欢的游戏，单击图标进入该游戏。

03 在打开的页面中有关于该游戏的介绍及操作方法，如果确定要玩这个游戏，可以单击“开始游戏”按钮。

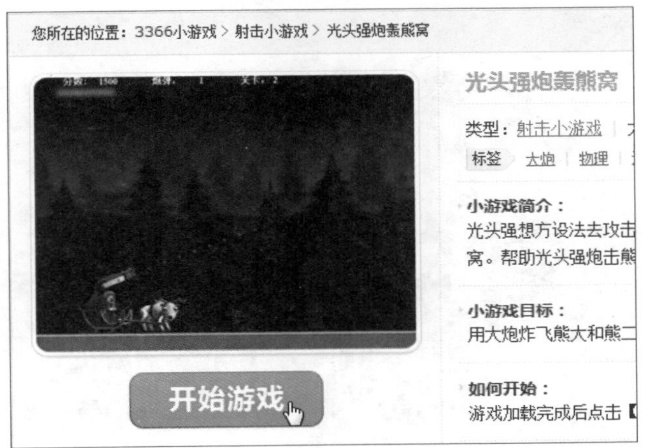

04 等待片刻，当游戏装载完毕之后就可以开始游戏了。

也许刚开始玩游戏时你并不知道自己喜欢玩哪种游戏，但网络上的 Flash 游戏很多，而且不需要花费时间下载，你可以尽情地试玩每一种游戏，总会找到一两款适合你的游戏。

只是，在这里需要提醒你的是，游戏在日常休闲时可以玩玩，但千万不要沉迷，长期目不转睛地盯着电脑玩游戏会伤害眼睛。所以，在玩一段时间后要经常站起来走一走，活动活动筋骨，看一看窗外的绿色植物，让身心得以休息。

第8章

丰富的网络视听盛宴

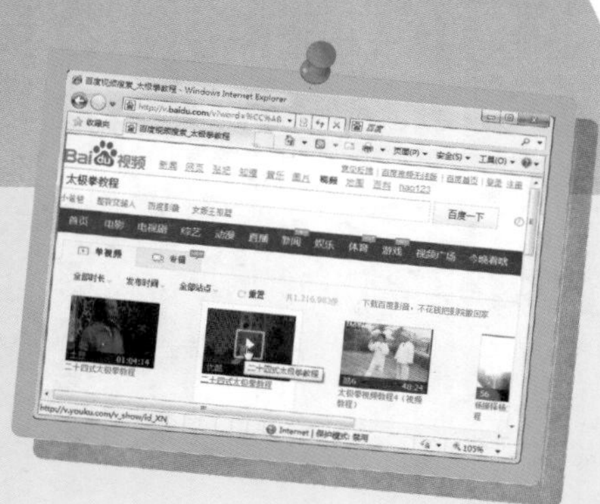

很多中老年朋友都有听评书、戏曲、广播的习惯，可是在市场上又总是找不到自己喜欢的戏曲。早年的磁带还能用的已经寥寥无几，街面上租售 DVD 的店已经越来越少，甚至几乎消失了。

在网络如此发达的今天，你还在用磁带听评书吗？在家里仍然是用 DVD 看电视剧吗？随着互联网的普及，网络已经成为人们娱乐的重要平台，只要有网络，你完全可以抛掉磁带、丢掉 DVD，在网络上随心所欲地欣赏自己喜欢的音乐、电视、电影等。

8.1　和老伴一起听广播和评书

几十年前，广播和评书曾经风靡一时，如今你是不是分外怀念几个人抱着收音机等待喜欢的节目出现的时刻？如今收音机已经不是家庭里的必备之物，当想要听广播时，网络也许可以实现你的愿望。

8.1.1　不一样的网络电台

收音机曾是普通家庭娱乐和获得资讯的重要方式，但随着科技的发达，电视及网络的普及，收音机已经淡出了人们的生活，电台只局限在特定的用户群中使用。当你想回味一下当年的感觉时，家里的收音机是不是早就不能开启了呢？

不要担心，如今借助网络，广播又获得了新生，很多广播电台都在网络平台上传播自己的声音。下面就以收听北京广播网为例，介绍在线收听广播的具体步骤。

01 启动IE浏览器，打开北京广播网首页（http://www.rbc.cn），然后在右侧的"实时广播"栏中选择你喜欢的节目。例如选择"新闻广播"，就单击"新闻广播"超链接。

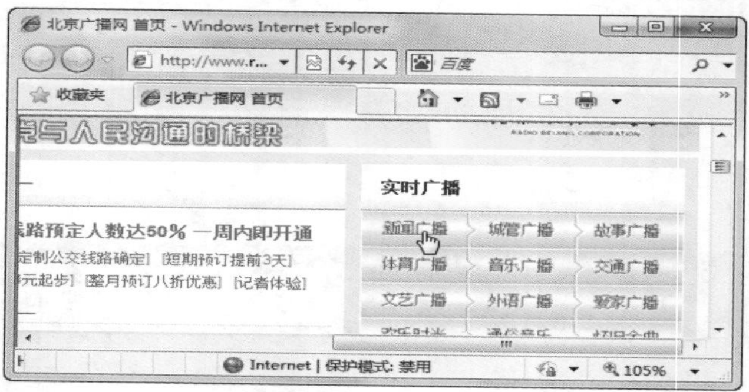

02 如果是第一次播放，系统会提示你安装播放控件。在页面上方弹出的窗口中单击IE工具栏下方的提示信息，在弹出的下拉菜单中单击"运行加载项"命令。

03 安装完成后，在打开的页面中就可以开始收听广播节目了。

根据以上的操作步骤，打开的是实时的广播节目。如果你想听几天前的节目怎么办？要是以前用收音机肯定不行，可网络中的资源无比丰富，如果你想听前几天的节目，只要选择日期就可以收听了。收听历史节目的操作步骤如下。

01 先选择你要收听的节目日期，单击即可。如果要选择上一个月的节目，则需要单击月份，再选择收听的日期。

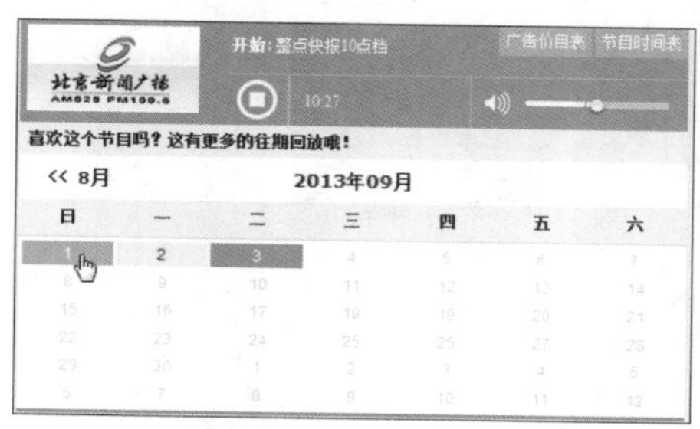

02 在打开的页面中，开始播放当天的广播节目。因为北京新闻广播的默认节目是从10点开始，如果你要收听其他时间段的节目，可以单击页面右侧的下一个节目列表，找到你想要收听的节目。

使用网络收听广播节目是不是比用收音机收听方便多了呢？你再也不用算着时间等在收音机前。而且，就算去了亲戚、朋友家里没有随身携带收音机，只要有网络和电脑，你一样可以照常收听节目。

8.1.2 怀念老艺术家的评书表演

很多中老年朋友对评书都情有独钟，不过如今的评书节目已经不多了，想要收听也比较麻烦。可是，便捷的网络会给你意想不到的惊喜。如今有很多专业的评书网站为老年人提供了精彩的评书资源，只要打开电脑就可以收听评书了。

网络上的评书网站众多，下面就以“我听评书”网为例，介绍在线听评书的具体操作步骤。

01 启动IE浏览器，进入“我听评书”网首页（http://www.5tps.com），在导航栏中选择喜欢的评书艺术家，单击名称即可选择该艺术家的所有评书作品。或者在下方的评书类型中，选择喜欢的评书类型。这里收听单田芳的评书作品，单击“单田芳”超链接。

02 在打开的页面中有该网站收集的该艺术家的评书作品，单击想要收听的评书作品名称。

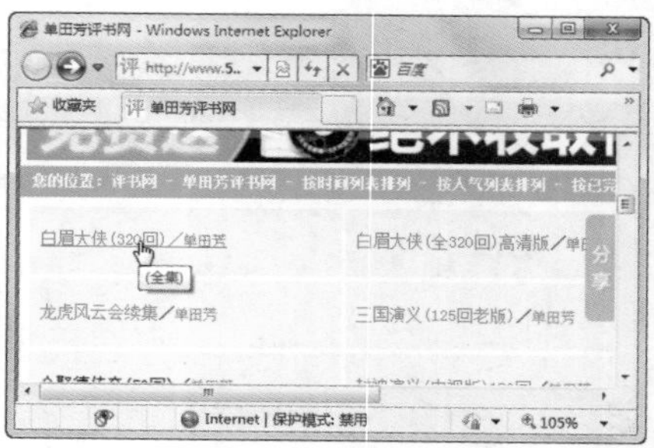

03 在接下来打开的页面中会列出该作品的所有章节，单击要收听的章节段落，如“001 回”超链接。稍等片刻之后，你就可以收听评书了。

除了可以在线听评书之外，你还可以把评书下载到电脑里，这样就算没有连接网络也可以收听。下载评书内容的方法很简单，只需要在打开的章节页面中单击导航栏下方的“下载本集”即可。

首页 | 单田芳 | 刘兰芳 | 田连元 | 袁阔成 | 连丽如 | 张少佐 | 田战义 | 孙一 |

恐怖玄幻 历史军事 刑侦反腐 官场商战 人物纪实 言情通俗 童话寓言 相声小品 英文读物

评书搜索： 点击搜索 连载区 【播放记录:

乱世枭雄 白眉大侠 三国演义 童林传(300回版) 三侠剑 凡人修仙传 神墓 坏蛋是怎样炼成的

您的位置：单田芳 >> 白眉大侠(320回) >> 当前播放:第1回 | 下载本集 方便下次收听 |

怎么样，如此方便收听评书的方法是不是让你喜不胜收？无论什么时候，只要你想听评书，随时都可以听。

只是，以前的评书都会在精彩处留下悬念，说一句“且听下回分解”吊你的胃口，让你欲罢不能。如今只要时间允许，你可以一直听下去。

8.2 不随时间流逝的经典音乐

也许，你很怀念曾经听过的那些老歌，也许，你已经在市面上搜寻了很久也找不到年轻时喜欢听的黄梅戏。是不是觉得备感遗憾呢？但是，有了网络之后，你想要寻找的音乐都将出现在你的面前。

8.2.1 回味经典的《难忘今宵》

如今的音乐资源十分丰富，每天都有新歌及新歌手出现，而在中老年人的记忆中有很多难以忘却的老歌。可是，曾经的流行歌曲现在很难出现在各大影音唱片店的货架上，当想要回味往日经典的老歌时应该怎么办？

还好，如今有了网络，老歌可以轻松呈现在大家面前。《难忘今宵》是每年春节联欢晚会的压轴歌曲，下面，就让我们到网络上寻找到这首脍炙人口的歌曲，回味一下吧。

在网络上搜索经典歌曲并收听的具体操作步骤如下。

01 启动 IE 浏览器，打开百度主页（http://www.baidu.com），然后单击“音乐”超链接，进入百度音乐搜索页面。你也可以直接进入百度音乐的主页（http://music.baidu.com）。

02 在百度音乐的搜索框中输入“难忘今宵”，然后单击“百度一下”按钮，搜索出的音乐将以列表形式显示在网页中。因为一首歌曲可能有不同的人演唱过，所以列表中会出现多个歌手的演唱版本，你可以选择一个熟悉的歌唱家，或尝试听一听其他版本。选定之后，单击页面右侧的“播放”按钮▶。

03 在打开的页面中即将播放你所选择的音乐，同时，在页面右侧还有自动匹配的歌词，方便你一边听歌，一边跟着歌词唱歌。

如果你要收听的歌曲有多首，可以将这些歌曲一一添加到列表中连续收听，具体操作步骤如下。

01 在百度音乐中搜索到相关歌曲后，单击需要播放的歌曲前面的复选框，然后单击搜索结果上方的“加入播放列表”按钮。

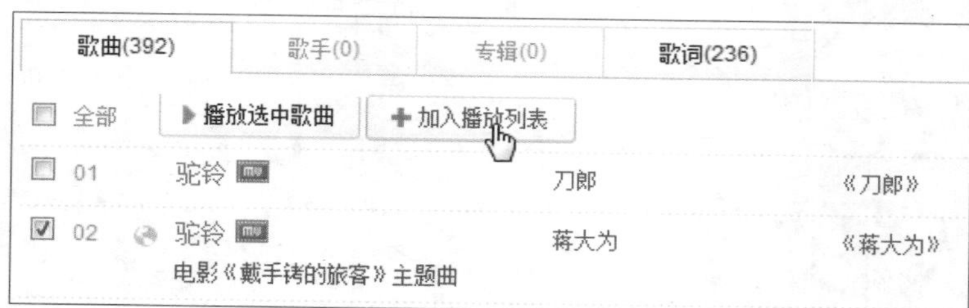

02 这样，歌曲就被添加到播放列表了，如果想要继续添加，就再继续前面的步骤，进行搜索和添加的操作，如果已经添加了想听的歌曲，只需要静静聆听即可。

除了可以在线收听音乐之外，如今还有更方便的音乐软件，让你轻松地收听音乐，例如酷狗音乐、QQ 音乐等。这里就以 QQ 音乐为例，告诉你使用 QQ 音乐听音乐的方法。

要使用 QQ 音乐必须先安装，安装的方法很简单，单击 QQ 面板中的“QQ 音乐”按钮，根据提示进行安装即可。安装完成后就可以在线听歌了。在 QQ 音乐中在线听歌的具体操作步骤如下。

01 登录 QQ，单击 QQ 面板下方的“QQ 音乐”按钮启动 QQ 音乐。

02 如果你心中有想听的歌曲，可以在左侧的搜索栏中输入歌曲名称，然后单击“搜索”按钮，右侧将出现搜索结果。与百度音乐的操作方法相似，单击“播放”按钮可以试听音乐；单击“添加到”按钮可以将音乐添加到播放列表中；单击“下载”按钮可以将歌曲下载到电脑中。

除了可以输入歌曲名称搜索歌曲外，如果你独爱某一位歌手的歌声，还可以单独搜寻他的音乐。具体的操作步骤如下。

01 打开QQ音乐之后，单击“乐库”选项卡，在下方的“歌手索引”中选择歌手类型，如“华语女歌手”。页面右侧将以热门程度从高到低排列各位华语女歌手，如果你喜欢的歌手已经在右侧排列，单击该歌手的名字即可。如果你喜欢的歌手并不在其中，可以单击上方的字母。例如要寻找“邓丽君”，单击“邓”字拼音的首字母“D”，系统会搜索出所有首字母为“D”的女歌手，这样寻找起来就容易多了。找到之后单击该歌手的姓名即可。

02 在打开的页面中显示邓丽君的主页，主页上显示的是该歌手所演唱过的热门歌曲。你还可以单击页面上方的“单曲”、“专辑”、“MV”等选项，然后再选择该歌手的歌曲，收听方法与前面相同。

了解了搜索音乐的方法后，你就再也不需要为查找经典的老歌而发愁了。

8.2.2 听听二十年前的黄梅戏

黄梅戏曾经风靡一时，随着音乐市场的日益丰富，黄梅戏也退出了人们的视线。可是，人到中年难免有怀旧的时刻，经常会想起十几年前的老戏。如今有很多专业的戏曲网站，当你想听黄梅戏时，只需动动鼠标，就能立刻免费收听黄梅戏。

神州戏曲网是一个集多种戏曲种类为一体的网站，下面就以在神州戏曲网收听黄梅戏为例，介绍在网上听戏曲的具体步骤。

01 启动 IE 浏览器，打开神州戏曲网主页（http://www.szxq.com），在页面上方的导航栏中单击“看戏”超链接。

02 打开的页面中有各种戏曲类别，单击上方的“黄梅戏”超链接，进入黄梅戏的页面。

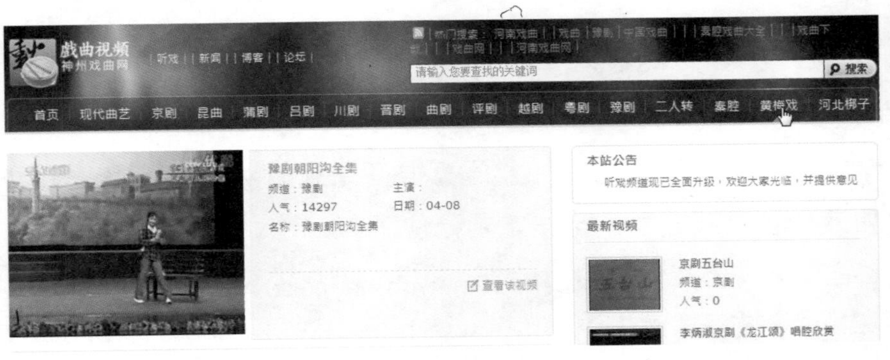

03 这里搜罗了各位名家的黄梅戏视频，单击你想要观看的黄梅戏曲目，在弹出的页面中有关于该曲目的简单介绍。如果确定要观看，单击“点播服务器”下方的播放按钮即可开始自动播放。

在听完黄梅戏之后，是不是又想听京剧了呢？戏曲网站中有各类曲目，你可以慢慢收听。

如果你有固定想收听的曲目，还可以通过搜索快速找到，操作方法是：在网站页面上方的搜索栏中输入想要收听的戏曲名称，如“沙家浜”，单击“搜索”按钮，然后在下方的搜索结果中单击想要收看的视频观看即可。

进入戏曲网站，你就等于把一个全能的戏曲班子免费带回家，什么时候想听，想听哪种类型的戏曲都可以满足。

除了神州戏曲网之外，还有很多专业的网站也可以免费收听戏曲，喜欢戏曲的你一定要记住了。

- 中国戏曲网：http://www.chinaopera.net。
- 河南戏曲网：http://www.hnxq.net。
- 中华戏曲网：http://www.dongdongqiang.com。

8.3 收看电视剧

随着网络视频的发展，收看电视节目已经不再局限于使用电视机了，在电脑上收看电视已成为年轻人的普遍选择。作为一个努力追赶时代潮流的长辈，怎么能不学习这一项技能与小辈们齐头并进呢？

8.3.1 《红楼梦》，你随时都能看

如今，虽然各大电视台不分昼夜地播放着各类电视剧，但总有一些经典的电视剧让人难以忘怀。

虽然有时候电视台也会播放一些怀旧的经典影片，但并不一定就是你想看到的。相信很多人都有这种经历，当想看《红楼梦》时，电视台往往播放的是《西游记》，这时你可以上网看《红楼梦》，还不用每天只能看几集。

目前很多视频网站都收录了各类热门的电视剧，这里就以在土豆网收看《红楼梦》为例，介绍在网站上搜索并观看电视剧的具体操作步骤。

01 启动IE浏览器，打开土豆网首页（http://www.tudou.com），在搜索栏中输入想要收看的电视剧名称，然后单击“搜索”按钮。

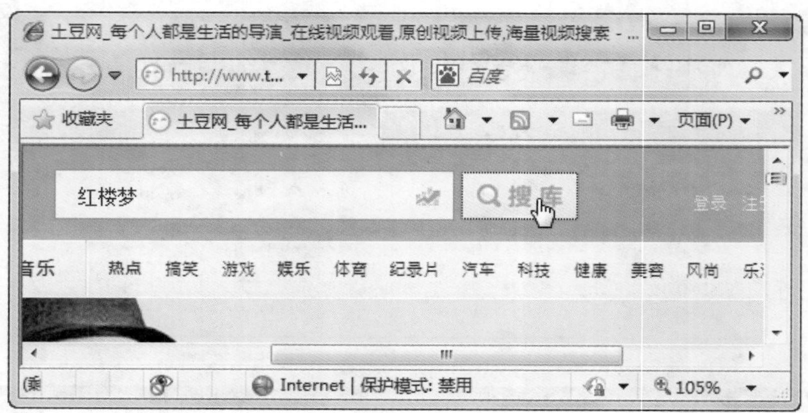

02 在打开的页面中显示搜索结果。因为有重名的电视剧，所以在搜索结果中需要你凭借拍摄时间、主演、剧情介绍辨别哪一个才是自己想要看的。找到想要收看的电视剧之后，可以单击数字收看，比如想看第 1 集，单击“1”即可。

03 在打开的页面中将开始缓冲你所选择的电视剧，缓冲完成后就可以开始观看了。

看完一集电视剧之后，系统会自动播放下一集。在播放过程中，如果你突然想暂停去做其他事情，可以按下键盘上的空格键，或者单击屏幕左下角的“暂停”按钮，也可以在视频画面上单击鼠标左键暂停。等到想要继续观看时，再次按下空格键，或者单击左下角的“播放”按钮，或者在视频画面上单击鼠标左键即可继续播放。

如果你想跳过某一段内容，或再次观看精彩画面，可以通过屏幕下方的进度条来操作。屏幕下方橙色的进度条表示这一集电视剧的播放进度，你可以随意拖动。

除了在线观看电视剧之外，目前也有很多专业的视频软件让你可以更方便地收看电视剧，例如 PPTV、风行等。下面就以 PPTV 为例，介绍使用软件收看电视剧的具体操作步骤。

01 使用软件收看电视剧的第一步是要下载软件，到 PPTV 的官方网站下载并根据提示安装程序（http://www.pptv.com）。安装完成后启动 PPTV，第一次使用 PPTV 时，系统会弹出新手教学页面，仔细阅读后即可熟悉基本操作。

02 PPTV 首页有近期热门的电视剧、电影、综艺节目等，你可以根据自己的喜好在首页里选择热门的节目观看。如果你要收看某一类型的节目，可以单击导航栏上的相应超链接，如“电视剧”、“电影”、“动漫”等，然后在打开的页面中选择自己喜欢的节目。如果你心中已经有想要观看的节目，也可以直接搜索该节目，例如想要观看《养生堂》，就直接在上方的搜索栏中输入“养生堂”，然后单击“搜索”按钮。在下方的搜索结果中，会有《养生堂》节目的视频，想要看哪期节目，就单击对应的超链接即可。

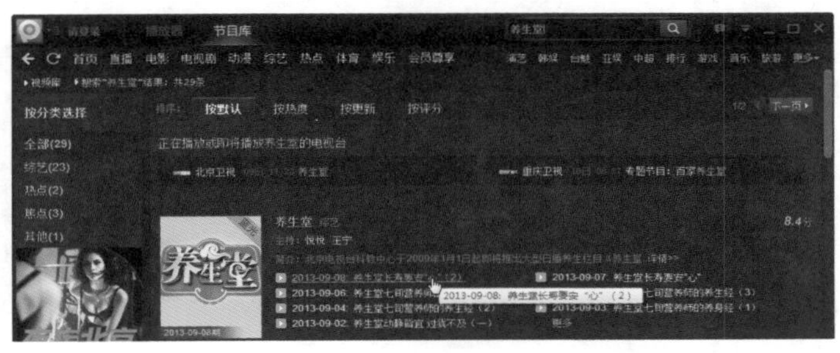

03 系统将自动打开播放器播放你所点播的节目，这时就可以开始收看节目了。

除了经典的电视剧之外，还有一些刚刚上映的热门电视剧也可以在网络上观看。如果你不想忍受每天两集的播放模式，可以一鼓作气地把整部电视剧看完。

网络上的资源是非常丰富的，除了电视剧，还有很多电影、综艺节目、纪录片都可以在网络上找到。当你学会了在网上搜索并观看电视节目之后，相信你可以寻找到更多感兴趣的东西，让你的晚年生活不再无聊。

8.3.2 观看实时网络电视

一口气把电视剧从第 1 集看到最后一集是不是很过瘾？但是看完之后有没有觉得会很累？长时间面对电脑会让你的大脑得不到放松，此时，不如看一看电视台中播放的休闲节目，让大脑休息一下。

要实时收看电视台中的节目，除了通过电视机之外，电脑与网络也是收看节目的最佳组合。如今可以收看实时网络电视的软件很多，腾讯视频就是其中之一。在腾讯视频中，不仅可以观看直播的电视节目，还可以在线收看电视剧、电影、动漫、综艺节目等，不仅内容丰富，而且操作简单，备受用户青睐。

在使用腾讯视频观看电视节目之前，必须先下载和安装腾讯视频。安装腾讯视频的方法很简单，登录 QQ 之后，单击 QQ 面板中的“腾讯视频”按钮，然后在弹出的安装向导对话框中根据提示进行安装即可。

安装好腾讯视频之后，可以通过 QQ 面板中的“腾讯视频”按钮或桌面上的快捷图标启动腾讯视频。如果要在腾讯视频里观看网络电视，具体操作步骤如下。

01 启动腾讯视频之后，在“视频库”界面中单击“直播”选项卡，在打开的列表中显示了热门电视频道正在播放的节目。如果下方的频道列表中已经有你想看的电视频道，可以单击“播放”按钮直接播放该电视频道。如果要选择其他电视台，可以在页面右侧查找，查找之后单击该电视台，然后单击“观看直播”按钮即可。

02 点播成功之后，在打开的窗口中等待节目缓冲，缓冲完成后即可观看直播节目了。

在网络上收看电视节目还有一个优点，如果你想要收看的电视节目还有一会儿才会播放，如果害怕错过时间收看，可以预订。预订的方法很简单，打开某个电视台之后，下方会出现节目列表，如果想收看哪个节目，就在该节目右侧单击“预订”按钮。目前，腾讯视频提供三天之内的节目预告，当你预订的节目快要播出时，系统会通过腾讯 QQ 提醒你，让你不会错过每一个精彩节目。

第9章

足不出户享受便利生活

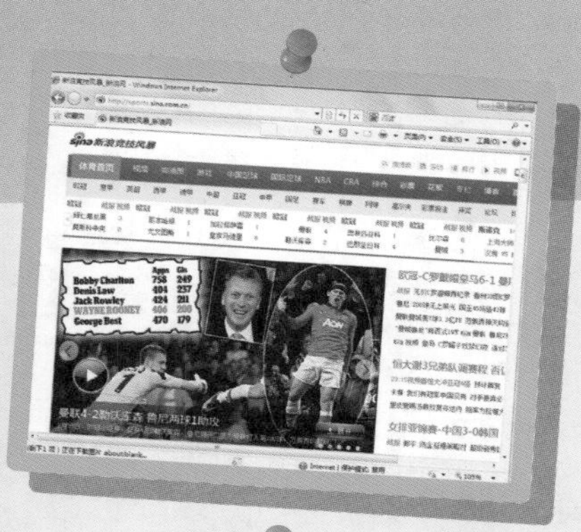

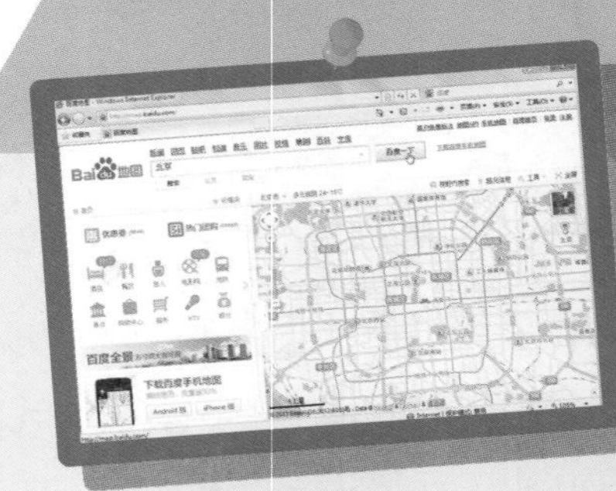

也许，你一直认为自己学会了上网就走在了时代的前沿，可是，网络生活不仅如此，当你进入网络的世界之后，你会发现很多事情都变得简单了。

报纸、小说可以在网上看，租房、购票也可以在网上轻松完成。不要以为做到这些需要很复杂的操作，其实，只要你稍加用心，就可以足不出户享受到便利的生活。

9.1 网上读书看报真容易

也许，你一直有读报纸的习惯，每当老伴报怨家里的旧报纸已经堆积如山时，你是不是也在头疼怎样收拾这些报纸？也许，你已经对报纸的信息传播速度有一些不满了，毕竟报纸上的新闻都来自前一天的。

那么，你可以坐在电脑前面看新闻，网络新闻一定可以让你感受到快捷的信息传播。

9.1.1 传播最快的网络新闻

以前，大家都是通过报纸和电视了解外界信息，但报纸的编写、印刷和电视的编辑拍摄总是让新闻的传播速度慢半拍。如果你希望更快地获取信息，在互联网上看网络新闻一定是你最佳的选择。

互联网上的新闻有很多，你可以随机查看实时更新的网络新闻，也可以搜索与某件事、某个人相关的最新新闻。下面就以在新浪网中随机查看新闻为例，介绍在网站中查看新闻的具体操作步骤。

01 启动IE浏览器，打开新浪首页（http://www.sina.com.cn），在首页中有许多最新的新闻标题超链接，如果你看到自己感兴趣的标题，可以直接单击该超链接，打开即可查看新闻。如果你想查看更多的新闻，则单击导航栏上的“新闻”超链接，也可以直接在启动IE浏览器之后进入新浪新闻中心（http://news.sina.com.cn）。

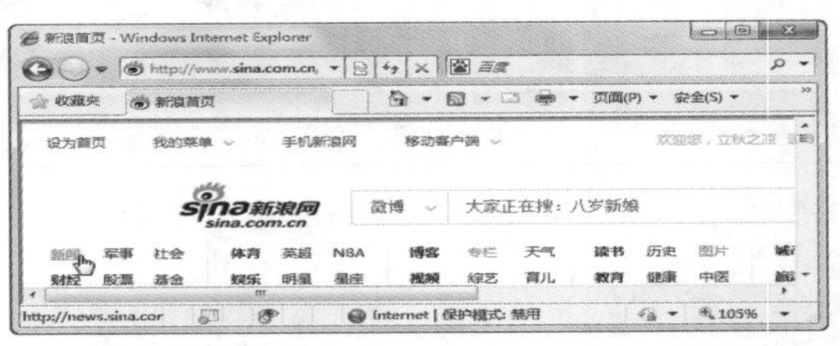

02 在新浪新闻中心首页会显示各个类别的最新新闻，只需要单击感兴趣的新闻标题超链接就可以进入该新闻。如果你只对某一个类别的新闻感兴趣，也可以进入该类别，只查看该类别的新闻，如果想要查看体育新闻，则单击“体育”超链接。

03 在打开的“体育”新闻首页，你还可以选择体育新闻的类别，如“视频”新闻、“中国足球”新闻、“NBA”新闻等。查看新闻的方法都是一样的，只需要单击想要查看的新闻标题即可。

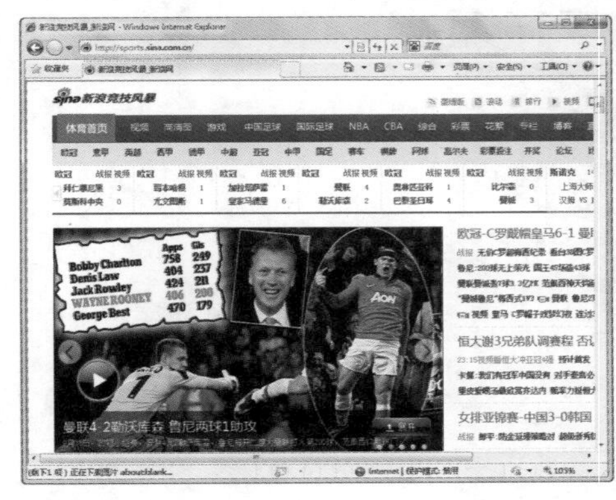

除了新浪网之外，还有很多综合性的网站也可以查看新闻，如网易（www.163.com）、搜狐（http://www.sohu.com）等。在其他网站看新闻，方法也大致相同，你可以根据自己的兴趣选择网站查看新闻。

如果你不是想要随机查看新闻，而是想知道与某件事、某个人相关的最新新闻，也可以通过百度新闻来搜索。例如你想知道与“中秋节”有关的新闻，可以通过以下步骤来搜索。

01 启动 IE 浏览器，打开百度首页，然后单击“新闻”超链接，切换到百度新闻的首页。在百度新闻首页你也可以查看最新的热门新闻，在上方的导航栏可以选择新闻的类别。

02 如果你要查看关于“中秋节”的新闻，可以在上方的文本框中输入“中秋节”，然后单击“百度一下”按钮。

03 在打开的页面中，会搜索出与中秋节相关的新闻，并以时间为先后顺序由上到下排列，想要看哪一条新闻，只需单击该超链接即可。

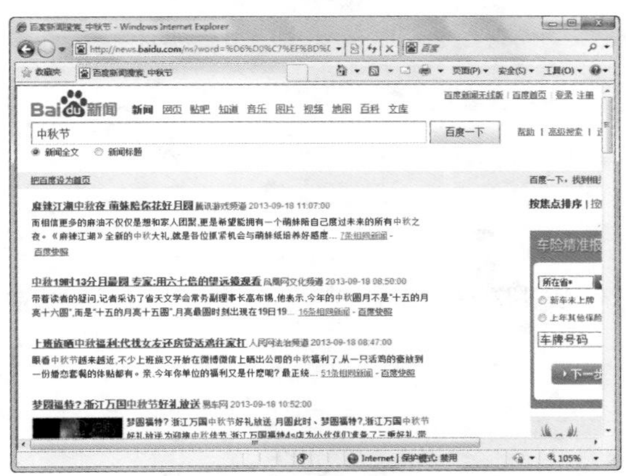

这样看新闻是不是方便很多了？你既可以漫无目的地查看八卦新闻，也可以有目的地搜索与某件事相关的新闻，并且所

看到的都是最新的新闻，比看报纸方便很多。当你可以熟练地查看各网站的新闻时，你一定会成为中老年朋友圈子里的万事通，因为你总能在第一时间知道各个事件的最新动态。当你把这些动态传递给你的朋友时，他们肯定也会有想学习电脑的冲动。

那么，赶快告诉他们在网上查看新闻的方法吧，与朋友一分享知识是一件快乐的事情。

9.1.2 每天一份报，时事都知道

虽然网络新闻的传播速度不是报纸可以比拟的，但仍然有很多中老年人愿意以读报的方式获取新闻。也许，你每天都到小区门口的报摊上买报纸，或者一次性购买一年的报纸让人送到家里，可是报纸的种类有很多，你不能将每一种报纸都读一遍。

那么，就试一试在网上看报纸吧，相同的版面，同样的内容不用花钱就可以看到。而且，网上的报纸品种多样，你可以每天读一种报纸，或者读不同城市的报纸，了解其他城市发生的新闻。

如今，大多数的报纸都有了电子版，下面就以看《重庆商报》的电子版为例，介绍在网上看报纸的具体操作步骤。

01 启动 IE 浏览器，打开百度网主页（www.baidu.com），在搜索框中输入要阅读的报纸名称，如“重庆商报”，然后单击“百度一下”按钮。如果你固定要看哪几种报纸，可以在搜索了该报纸的电子版网页之后收藏该网站，避免下一次重复搜索。

02 在打开的搜索结果页面中找到该报纸的官方网站链接地址，这里单击“重庆商报多媒体数字报刊”超链接。

03 在打开的页面中将显示当天报纸的版面信息，跟翻报纸的方法一样，你现在只是换成了鼠标操作，单击某个版面的超链接，左侧会出现该版面的标题，单击标题即可查看报纸内容。如果你想要与报纸一样的观感，可以单击某个版面名称后面的图标，在打开的页面中就可以看到和报纸一样的排版和图片。

需要注意的是，在线读报需要在电脑中安装 Adobe Reader 软件，你可以自行下载并安装 Adobe Reader 软件。

9.1.3 换一个方式读名著

如果你喜欢读书，那么你一定不能错过网络这个大书库。在互联网上，有很多网站都为大家提供了中外名著以供赏析、学习。当你想要读哪本名著时，不需要到书店购买，打开电脑就可以读了。

可以在线读名著的网站很多，下面就以“在线读书”为例，介绍在网站中阅读名著的具体操作步骤。

01 启动IE浏览器，打开在线读书主页（http://ds.eywedu.com），然后单击想要看的名著类型，如“四大名著”。

02 在打开的网页中显示了四大名著的超链接，此时，单击你想看的名著名称即可开始读了，如《红楼梦》。

03 在打开的页面中不仅可以阅读《红楼梦》原著，还有一些与红楼梦相关的书籍，如名家品评、红学研究等，你可以根据自己的爱好选择阅读。阅读时，只需单击书籍的封面即可进入该书的章节目录，单击目录名称即可开始阅读。

除了中国名著，网站中还有很多世界名著可供阅读，如果你爱看书，你可以随时沉浸在书的海洋里。

9.2 健康饮食轻松学

人到中年之后，养生就成了最热门的话题，和朋友聊天时总免不了交流一下养生的经验。饮食养生可以说是我国的传统，但我国的饮食文化博大精深，哪种养生食材应该用哪种烹饪方法才能发挥最大的效果都是一门学问。

不用担心，当你学会了使用电脑之后，会发现这一切都只是小问题，只要方法得当，你可以在第一时间得到最佳的养生方法。

9.2.1 查看养生食谱

养生食谱是制作养生食疗的必备“秘笈”，但是有关养生的食谱很多，如何在众多食谱中找到适合你的食谱呢？方法很简单，前面学习的知识现在就可以派上用场了，使用百度可以很快定位你想要的养生食谱。

下面，就以查看高血压的养生食谱为例，介绍如何在浩瀚的网络中寻找养生食谱的具体操作步骤。

01 启动IE浏览器，打开百度首页，在搜索框中输入想要查看的养生食谱类型，如“高血压食谱”。

02 在弹出的搜索结果页面中搜索出各个网站中的高血压食谱，此时单击某一个网站的超链接进入，这里单击搜索结果中的“饭菜网”。

03 在打开的饭菜网中有各种适合高血压患者的食谱，单击某一个食谱图片即可进入该食谱。

04 在打开的页面中有该食谱的具体制作方法，包括材料、用量、制作方法及制作提示等，让你可以快速学会这道食谱。

网络上的养生食谱很多，你可以根据自己的喜好每天更换食谱，既锻炼了厨艺，又有益健康。如果你搜索到一个好的食谱网站，也可以将这个网站收藏，避免每次都要到百度中搜索。你还可以将好的食谱保存到电脑里，以便随时查看。

9.2.2 跟着视频学做菜

如今，网络上的视频资源非常丰富，很多网站都提供了免费的视频学习教程。如果你觉得文字食谱看起来很枯燥，不够形象，看着食谱不知道如何下手，你也可以尝试搜索视频教程。

网络上的视频教程很多，你可以搜索食谱的用途关键词，如“高血压食谱”，也可以通过食谱的名称搜索，如“鱼香肉丝”。下面就以搜索“鱼香肉丝”为例，介绍在网络上搜索并观看制作“鱼香肉丝”视频的具体操作步骤。

01 启动 IE 浏览器，打开百度首页，然后单击“视频”按钮，在搜索框中输入“鱼香肉丝”后单击“百度一下”按钮。

02 在下方的搜索结果中单击想要观看的视频超链接，打开后即可开始收看该食谱的视频教程。

如果你想一边看视频一边下厨，可以在看完一个步骤之后单击“暂停”按钮，把该步骤完成之后再单击“播放”按钮看接下来的内容。如果你想一次看完整个视频再制作，在观看视频时，最好拿一个笔记本记一下制作步骤和食材的品种及用量，看完之后再亲自制作。

在查看了众多的食谱之后，相信你很快就可以成为厨房里的高手，当儿女回家时做好一大桌美味可口的饭菜，肯定会受到他们的夸赞。

9.2.3 查询中老年人饮食禁忌

人到老年之后，身体机能慢慢减退，为了保持健康的身体，不能像年轻时那样随意大吃特吃油甘厚腻的食物。可是，我们都不是专业的医生和营养师，并不知道哪些食物可以吃，哪些食物只能适量吃一些，又有哪些食物是不能吃的。

你想要得到这些知识其实并不难，只要正确使用百度就会找出答案。下面，就以查找高血压病人的饮食禁忌为例，介绍在百度中搜索高血压饮食禁忌的具体操作步骤。

01 启动 IE 浏览器，打开百度首页，在搜索框中输入“高血压饮食禁忌”，在打开的搜索结果中单击想要查看的网站超链接。

02 在打开的网站中你就可以看到高血压患者的饮食注意事项了，看一看平时有没有吃犯了禁忌的食物。

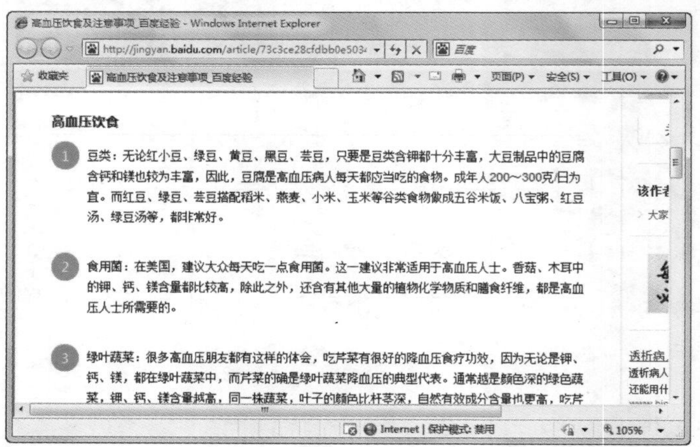

如果你是一个爱学习的人，此时可以将这些一一记录在笔记本上，在日常生活中不断提醒自己。当然，你也可以把这些注意事项保存到电脑中，以后只要打开电脑就可以查看，也避免笔记本不知道放到何处的情况发生了。

除了饮食禁忌之外，各种疾病的季节疗养、日常生活起居注意事项等也可以用相同的方法在网络上搜索。当你熟练操作了这些搜索方法之后，就等于请了一个保健医生在家里，随时为你的健康保驾护航。

9.3　旅游之前先知道

人在年轻的时候总是忙于工作，如今闲下来了，是不是应该考虑一下到处走一走，看一看？也许你以前出门的时候都是跟着旅行团，那样虽然行程紧凑，却总是避免不了想玩的景点因时间关系不能玩尽兴，不想去的景点却屡屡被安排在行程之中的困扰。

现在你可以选择自己去旅行，约上三五个好友，编好行程表，做好充分的准备，花更少的钱可以游览更多想去的景点。

9.3.1　学习值得参考的旅游线路

当想要去一个陌生的地方旅行时，旅游线路是最重要的，要高效地游览旅游景点而不走冤枉路，听取他人的经验是必不可少的。以前你想要得到旅行经验，可以从身边去过那里的朋友来获得，如今网络如此发达，很多乐于分享的旅行爱好者都会将自己的旅行经验发布在网络上，以供大家参考。

那么，我们千万不要辜负了分享者的好意，找到并学习这些经验，可以让你更好地安排整个行程。

寻找旅行线路攻略的具体操作步骤如下。

01 启动IE浏览器，打开百度首页，在搜索文本框中输入与目的地相关的关键词，如想要去九寨沟旅游，则可以输入“九寨沟旅游攻略”。

02 在搜索页面中会出现多个结果，随意选择一个超链接单击进入，此处以百度旅游为例。

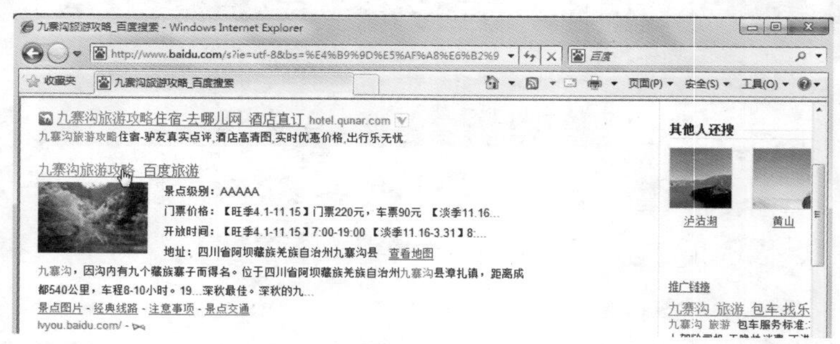

03 在打开的百度旅游页面中，单击导航窗格中想要查看的内容，如“路线”、“图片”、“交通”等。单击之后，页面下方会显示他人的旅行经验，在阅读之后相信你会有很多收获。

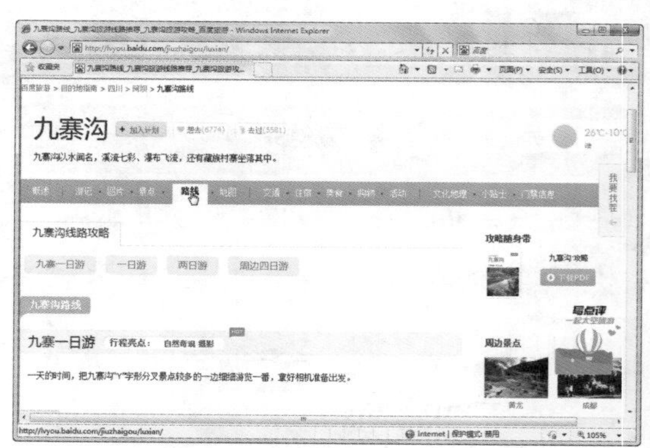

没有准备就出发必然会产生诸多问题，在出行前，一个好的旅游攻略可以让你的旅行更加轻松。在网络上，有很多网站都有旅行者所写的旅行经验，你可以一一查看，然后制订属于自己的旅行线路攻略。在旅行之后，你也可以将自己的旅行心得发布到网上，帮助其他想要旅行的人。

9.3.2 把旅游地图熟记于心

地图是旅游前的必备之物，想要在景区里快速找到想去的景点，必须先熟悉一下当地的地图。以前想要看旅游地图，要么去书店购买，要么到旅游景点之后再购买。

可是，现在有了网络之后，你不必再出门购买地图，在网上就能搜索到当地地图，并且根据地图对行程做出合理的规划。

如今在网络上提供免费地图的网站有很多，这里就以百度地图为例，告诉大家如何利用互联网查看地图。在百度上查找并查看地图的具体操作步骤如下。

01 启动 IE 浏览器，打开百度首页，然后单击“地图”超链接，进入百度地图页面。

02 在搜索文本框中输入目的地，如“北京”，单击“百度一下”按钮，然后出现搜索结果。如果你觉得地图的比例不适合，可以单击左侧的放大⊞和缩小⊟按钮调整。按下鼠标左键不放并拖动鼠标，可以移动地图，以查看完整的北京地图。

如果你是和几个朋友一起自驾游，也可以先在百度地图上熟悉线路。具体操作步骤如下。

01 启动IE浏览器，打开百度地图后单击“驾车”选项卡，然后在文本框中输入起点和终点的名称，如“重庆市”和“北京市”，输入完成后单击“百度一下”按钮。

02 在下方的搜索结果中，你可以看到百度地图为你推荐的驾车线路，可以通过放大或缩小按钮查看具体方案。在地图的左侧，还有文字的线路指示，你可以分别单击查看。

有了这些提前的准备工作，正式出游的时候你就会觉得底气十足，再也不用担心因线路不熟而迷路了。可是自驾游要消耗大量的体力和精力，人到中年之后精力难免不足，所以出行时最好选择公共交通工具，把精力留给景区的美景。

9.3.3 景区天气很重要

马上就要出游了，不知道当地的天气情况怎么行呢？虽然现在电视台每天都在播放天气预报，但是一般都只有近一两天的天气预报，还必须准时收听。不过，有了网络，这一切都不会再成为你的困扰。

在网络上可以查看全国各地一周以内的天气预报，你可以随时上网查询，而不需要守在电视机旁看天气预报。在网络上搜索并查看天气预报的具体操作步骤如下。

01 启动 IE 浏览器，打开百度首页，在搜索框中输入与目的地相关的关键词，如想要搜索九寨沟的天气情况，可以输入“九寨沟天气”，然后单击“百度一下”按钮。

02 系统自动跳转至搜索结果页面，在下方的搜索结果中，九寨沟一周内的天气情况就呈现在你眼前了。如果你想了解更详细的天气情况，可以单击下方的超链接，在打开的页面中不仅有天气的情况，还会提供风力、风向、湿度等有关情况，更利于掌握景区天气，让你可以更好地安排出行。

有了查看天气的法宝之后，你再也不用担心旅行时遇到阴雨天气了。随时查看景区天气，选择在一个风和日丽的日子出行，旅行的心情也会更加愉快。

但是天有不测风云，就算前一刻还是万里晴空，后一刻也有可能会大雨倾盆，所以就算天气预报告诉你无须带雨具，你也有必要做到未雨绸缪。

9.3.4 拒绝排队，在网上订票

以前每到一个景点时，第一件事就是排队购票，无论是景点的门票还是回程的车票都需要排队购买。当遇到节假日时，排队的时间可能会更长，把大好的时间都浪费在排队上了。

不过，现在你除了可以在售票窗口排队购票之外，又多了一个选择，那就是在网上购票，到时候拿着身份证取票即可。如今，在网络上，你不仅可以购买火车票、飞机票，还可以购买景区门票，有的地方还开通了在网上购买汽车票，让你的出行更加方便。

火车应该是外出旅行最常用的交通工具，在铁路公司开通了网上购买火车票功能之后，很多人都选择了在网上购票。现在，如果你要购买火车票，不需要再到火车站排队，只需要用鼠标轻轻一点，火车票就可以收入囊中。

目前，虽然很多网站也提供了在线订购火车票的服务，但中国铁路客户服务中心才是网络销售火车票的唯一官方网站，在上面购票既方便又安全。下面就打开中国铁路客户服务中心，开始网上购票之旅吧！

01 启动IE浏览器，打开中国铁路客户服务中心的官方网站(http://www.12306.cn)，先单击左侧的“网上购票用户注册”按钮进行注册。

02 在新用户注册页面填写个人资料，标有红色的“*”的项目为必填，其他则可以选择性填写。填写完成后，单击页面下方的“提交注册”按钮，系统审核通过之后提示注册完成。

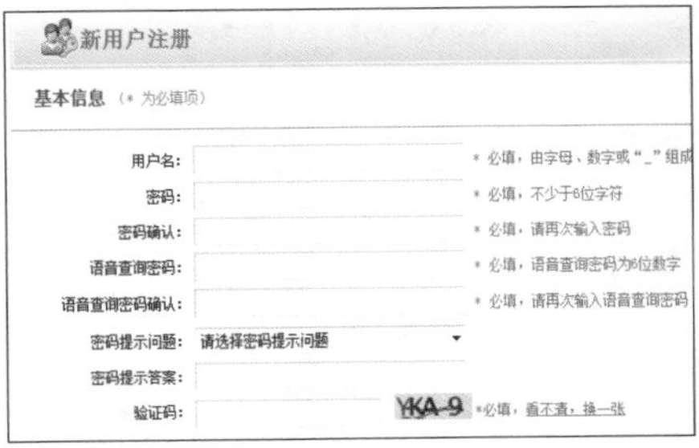

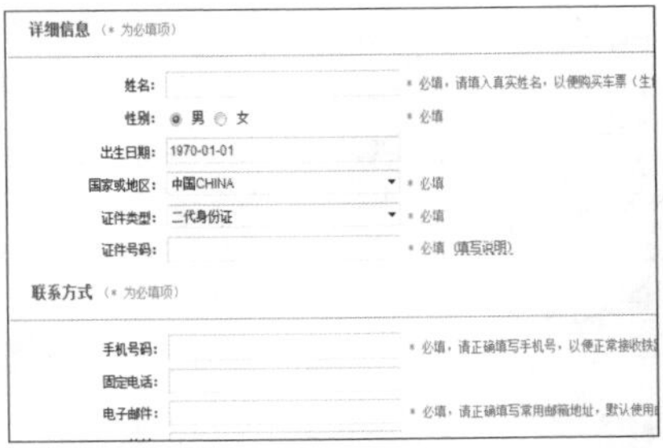

03 注册了账号之后就可以开始购票了。在首页单击“购票／预约”按钮，如果没有登录账号，此处会要求登录，填写登录名、密码、验证码后单击“登录”按钮即可登录购票系统。

04 登录之后进入“我的 12306”页面，单击“车票预订”超链接即可开始购买车票。在这里你还可以查询订单、退改签车票、修改个人资料等，如果有需要可以登录账号后进行此类操作。

05 在打开的页面中设置起始站点和出发日期，然后单击“查询”按钮，在下方会列出符合条件的各趟列车。选择一个你想要的车次，单击右侧的“预订”按钮。

06 在“预订”页面中可以查看该车次各席位的价格，在“我的常用联系人”栏中默认为注册时填写的联系人，如果你要购买不止一张车票，可以单击“增加或修改常用联系人”超链接，增加购票人的身份信息。增加了常用联系人之后联系人信息会在下方显示，勾选需要购买车票的人名即可将其添加到“乘车人信息”栏。在选择了席别、票种之后再单击“提交订单”按钮。

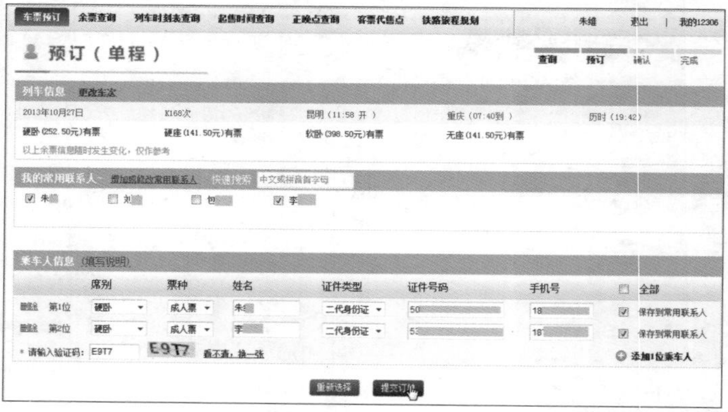

07 系统弹出“提交订单确认”窗口，在确认车次和乘车人信息后单击“确定”按钮即可提交订单。

08 提交订单后需要在45分钟内付款，否则系统将自动取消所定席位，所以在确认订单无误之后立即单击“网上支付”按钮，进入付款流程。因为网上支付在第11章有详细的介绍，此处就不多作讲解。

当付款完成后，你的车票也就购买成功了。到出发的那一天，你只需要带上身份证，到火车站的自动取票机或取票窗口取票即可。

如果你不想把时间花在坐火车上，也可以选择乘飞机出行，如今的航空交通发展迅速，各大航空公司的优惠价格让乘客大呼便宜。那么，在价格相差不大的情况下，可以选择乘坐飞机。

如今，各大航空公司都建立了官方网站，通过在这些航空公司的官方网站上注册为会员，可以轻松地实现查询机票及订购机票等操作。下面，就以深圳航空为例，介绍在网上订购机票的具体操作步骤。

01 启动IE浏览器，进入深圳航空官网（http://www.shenzhenair.com），然后单击“会员登录”栏中的“立即注册”超链接。

02 在打开的页面中仔细阅读“网上入会条款”，并勾选下方的“我接受网上入会条款”复选框，然后单击“下一步”按钮。

03 进入注册页面后，认真填写个人信息、联系方式等信息，带红色“*”标志的选项为必填项，其他则为选填项。填写完成后，单击页面右下角的“提交”按钮即可成功注册。

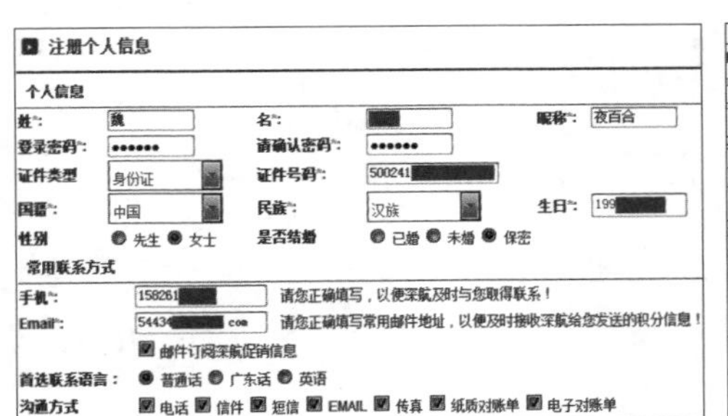

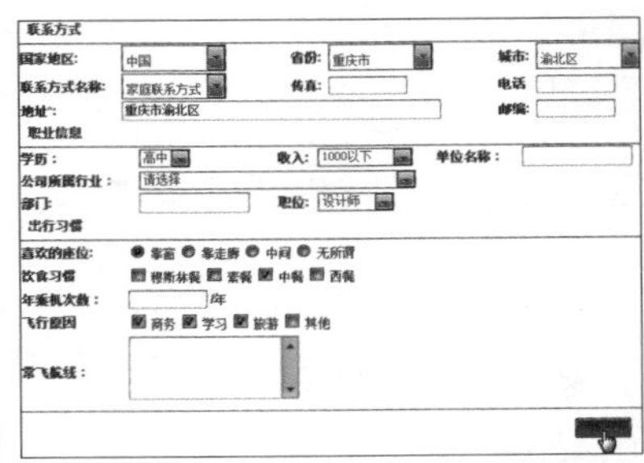

04 成功注册之后就可以开始购票了。回到深圳航空官网首页，在“国内机票”栏中设置好出发地、目的地及出发日期等信息，然后单击“查询”按钮。

05 在打开的“机票预订（选择航班）”页面中选择需要乘坐的航班和机舱，然后单击“下一步”按钮。在机票预订页面，你还可以看到所选日期前后几天的最低机票价格，你可以根据自身情况选择。

深圳宝安机场 → 济南遥墙机场　　10月17日 星期四　　排序：价格　时间

10-14 周一	10-15 周二	10-16 周三	10-17 周四	10-18 周五	10-19 周六	10-20 周日	10-21 周一	30 天
¥750	¥750	¥750	¥730	¥750	¥750	¥750	¥730	价 格

航班号	时间	航班信息	头等舱	公务舱	超值头等舱	经济舱	网站专享	低价申请	更多
ZH9939	08:45 11:30	航班信息	¥2060		¥1580	¥730			
ZH3006	11:15 13:45	航班信息				¥750			
ZH9927	14:10 16:50	航班信息	¥2370		¥2060	¥1620			

06 在“机票预订（输入旅客信息）”页面中输入乘机人信息和联系人信息，然后选择支付方式，如“网上支付”，选择完成之后单击“下一步”按钮。

07 在打开的页面中将显示预订机票的详细信息，确认信息无误之后选择用来支付的网上银行，然后在下方勾选“我接受网上付款旅客须知”复选框，最后单击“确认订单并支付”按钮，再通过网上银行确认支付即可完成购票。

购买机票不需要取票，只要记住航班信息，到时候拿着身份证前往机场办理登机牌即可。如果你需要发票，也可以在机场的服务台打印发票，十分方便。

机票与火车票不同，由于代理商不同，各个代理点提供的机票折扣也不同。虽然各个航空公司的官方网站上都提供了特价机票，但是并不是最低的。除了各大航空公司的官方网站外，还有很多专业的订票网站也可以购买机票，比如去哪儿网、携程网等，在这里你也许可以找到更便宜的机票。如果你有时间，也可以一一比较，看哪家网站的价格更低后再购买。

现在，就以在去哪儿网查询特价机票为例，介绍搜索特价机票的具体操作步骤。

01 启动IE浏览器，打开“去哪儿”网主页（http://www.qunar.com），在“国内机票”栏中设置好出发城市、目的地、乘坐方式和出发日期，完成后单击“搜索”按钮。

02 在打开的网页中即可看到该网站上提供的符合条件的所有航班信息了，在其中即可找到最低折扣的航班。

如此低廉的价格是不是让你有马上购票的冲动？不要急，再查一查回程的机票吧，选择来回都便宜的机票可以省下不少钱。

网络如此发达，订票的方法如此之多，你可以根据自身的情况选择订票，让行程更加合理。可是有一点需要特别提醒，在填写购买信息时，身份证号码一定要填写正确，错误的身份信息会影响你成功订机票。

9.3.5 根据行程订酒店

在订好了机票之后，你的行程也基本上确定了，那么是不是应该着手预订酒店了呢？提前预订酒店可以避免提着行李到处找酒店，到达目的地后可以不慌不忙地到酒店安顿下来，可以为接下来的旅程积蓄体能。

通过网络预订酒店不仅方便、快捷，还可以更详细地了解酒店环境、消费标准，以及服务等多方面的信息。与传统的电

话预订相比，在网上预订酒店能找到更适合自己的酒店房间。下面以携程旅行网为例，介绍在网上预订酒店的具体操作步骤。

01 启动 IE 浏览器，打开携程旅行网首页（http://www.ctrip.com），在“入住城市”文本框中输入要查询的城市；在“入住日期”和“离店日期”文本框中设置好入住和离店日期；在“酒店位置”处设置希望入住的区域，设置完成后单击“搜索”按钮。

02 打开的网页中将显示符合查询要求的所有酒店，单击自己最满意的酒店房型对应的“预订”按钮。

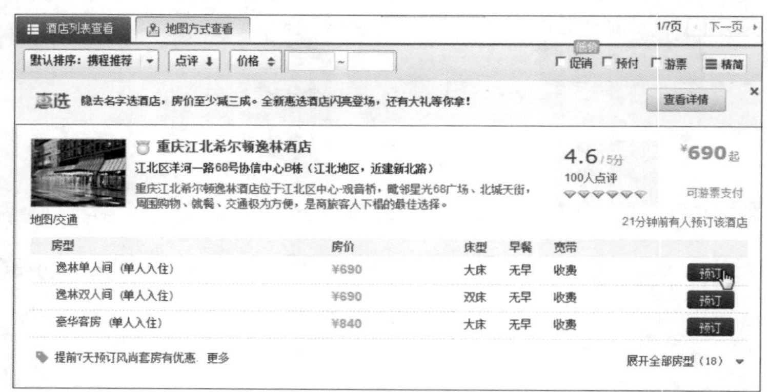

03 在携程网中预订酒店并不需要注册，打开“会员登录”页面单击“直接预订”按钮即可。但是，如果需要经常预订酒店，建议申请为携程网的会员进行预订，携程网的会员可以享受会员积分和会员优惠。

04 在预订信息栏选择预定的间数、入住人数信息、入住人姓名等，在联系信息栏填写联系人、联系手机等信息，填写完成后单击“提交订单”按钮即可成功预订酒店。

在接下来打开的页面中，将提示你酒店已经成功预订，订单号会以短信的方式发送到你所填写的手机上。

第10章

求医问药网上寻

当人步入老年之后，身体的机能开始走下坡路，日常疾病的预防和保健工作渐渐被提上了日程。

中老人总是渴望学习更多的保健知识，想了解身体的异常情况到底是怎么回事，可又总是不知道应该怎样去学习这些知识。

现在，有了网络，你的疑问就可以轻松得到解答。而且，如今很多各地的名医也热衷于在网上帮助他人解答有关疾病的问题，让你足不出户就可以与名医在线交流。

那么，还有等什么，一起来感受在网上求医问药的便利吧！

10.1 在健康网站学保健知识

现在大多数的中老年人都明白治病不如防病的道理，所以在日常生活中总是把保健养生的话题挂在嘴边。可是，怎样才是正确的养生呢？

要知道晨练的时间、饮食的搭配都是养生中的一门学问。养生保健不仅仅是一个口号，还需要有大量养生知识的积累才能获得正面的保健效果。所以，查询和阅读养生保健知识才是目前最重要的事情。

虽然许多中老年人没有系统地学习过养生保健的知识，可网络上有很多通俗易懂的养生文章，让非专业的人也可以轻松学养生。

如今，可以学习保健知识的网站很多，这里就以 39 健康网为例，介绍在网上学习保健知识的具体操作步骤。

01 启动 IE 浏览器，打开 39 健康网主页（http://www.39.net），在导航栏上单击“保健”按钮。

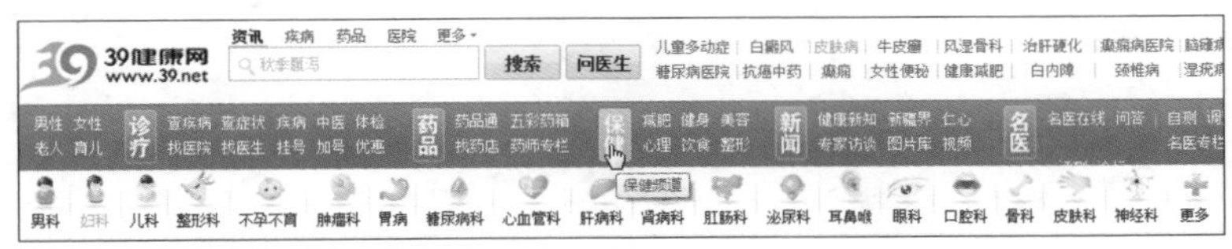

02 进入 39 保健养生页面，该页面中有最近的保健热点，如果有你感兴趣的保健知识，可以直接单击标题进入查看。如果你想有针对性地查找中老年人的保健知识，可以单击导航栏上的“大众保健”类的“老人”超链接。

03 在打开的页面中，有专门针对老年人的各种保健知识，单击标题的超链接即可打开，你就可以从中查看保健知识了。

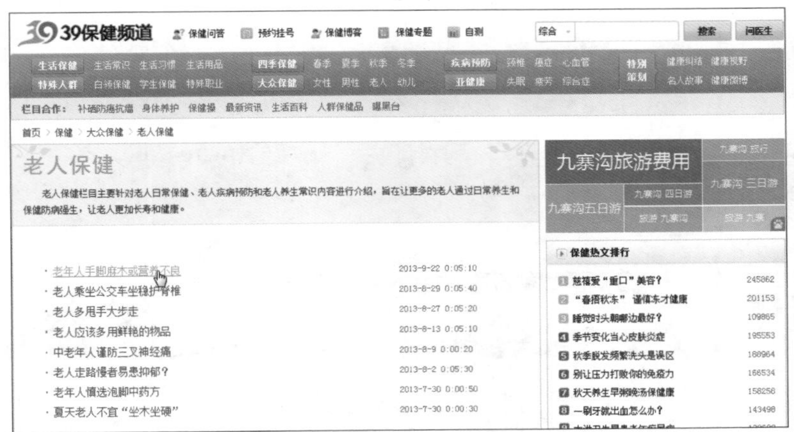

除了一般的保健知识之外，养生饮食也是中老年人关注的热点。在 39 健康网中，你可以轻松地找到各种饮食保健知识，其具体操作步骤如下。

01 启动 IE 浏览器，打开 39 健康网主页，单击导航栏中的“保健”这一大项中的“饮食”栏。

02 在打开的39饮食频道中有各类热点饮食知识，单击标题中的超链接即可进入。在导航栏中还有各种关于饮食的保健知识，如食品安全、营养搭配、烹饪技巧等，还有专为中老年人设置的老人饮食知识，单击某一个超链接即可进入该板块，这里以单击“老人饮食”为例。

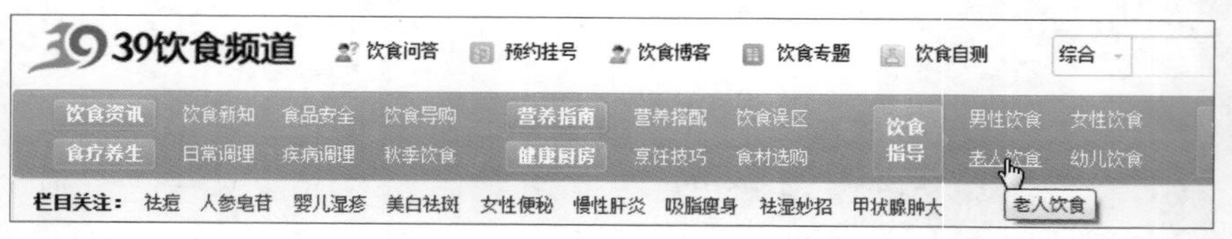

03 在打开的页面中，有很多关于中老年人的饮食知识，如饮食宜忌、长寿饮食等，只需要单击感兴趣的标题即可阅读相关知识。

在查看了众多的保健养生知识之后，有没有一些养生知识是你以前不知道的，又有没有一些养生知识是曾经被你误解的？如果有，那么一定要从此刻开始更正自己的保健知识，并把正确的保健知识带给身边的朋友，把健康带给更多的人。

10.2 常见疾病自我诊断

很多中老年人在身体有异常情况时，会怀疑自己已经患病，可是又不知道自己所患何病时，总是往最坏的方面去想。虽然自我诊断疾病可以免去上医院的麻烦，可是当专业知识不足时，你又根据什么来判断自己是否患病呢？

10.2.1 根据症状自测疾病

中老年人在自测疾病时，大多是根据自身的症状来猜测自己是否患有某种疾病，这是一种没有基于任何医学常识的猜测。而有的人在自测时，还会因为过度猜想，将本不严重的疾病猜测为绝症。这样，不仅不能达到自测疾病的目的，还会因为恐惧的心理而影响正常的生活。

现在，有很多网站都提供了各种身体出现的症状可能发生的疾病自测，这种方法可以让你更准确地预测疾病，使你不必再进行没有根据的猜测。下面就以在39健康网中自测疾病为例，介绍在网上根据症状自测疾病的具体操作步骤。

01 启动IE浏览器，打开39健康网，单击导航栏上的“查症状”超链接，进入39健康网的疾病百科页面。

02 在打开的页面中选择身体症状的部位，如“头部”，在下方头部中的各部位中选择具体的部位，如“耳”，再选择科室，如果你不知道应该如何选择科室，也可以不选择，然后在下方的关键字文本框中输入关键字，如“疼痛”，单击“查找”按钮。在页面下方会出现与耳部疾病相关的症状，单击某个与你相似的症状进入。

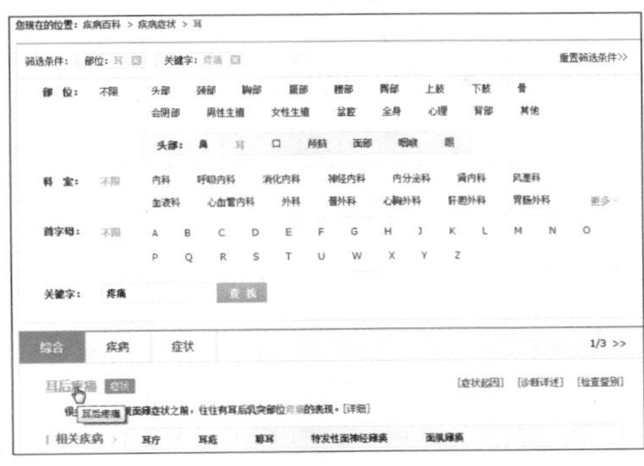

03 在打开的页面中，会分析该症状可能患的疾病，你可以根据这些分析来判断自己的症状是否与此疾病相关。

很多疾病都不是通过一种身体症状就可以判断的，在进行疾病自测时，可以将身体的多种症状分别查询，在经过多次对比之后，得出的结果会更加准确。

但是，疾病自测毕竟没有经过专业的医生指导，其准确性并不是太高。如果你真的怀疑自己患有某种疾病，最好的办法还是应该到医院做详细的检查，只有通过科学检测才能得到更准确的结果。

10.2.2 查看常见疾病信息

如果你知道自己患了某种疾病，或者通过自测认为自己患有某种疾病，可以重点查看某种疾病的相关症状、注意事项等。

在 39 健康网中查看疾病信息的具体操作步骤如下。

01 启动 IE 浏览器，打开 39 健康网，然后单击“找疾病”超链接，进入 39 健康网的“疾病百度“页面。

02 在打开的页面中有很多常见疾病的名称，如果你所要查看的疾病就在其中，可以直接单击进入该疾病的页面。如果在首页没有找到所想要查找的疾病，可以通过查找分类来寻找。其方法是将鼠标指针移至疾病部位，如“头部”，在弹出的菜单中单击疾病，如“中耳炎”。

03 在打开的疾病页面中有与疾病相关的症状、应做的检查、并发症、治疗方法、常用药品等介绍，可以分别查看。在页面下方，系统会根据你所在的地方为你推荐治疗医院和医生，单击该医院的超链接，也可以查看医院的地址、电话等信息。

最后要提醒一点，疾病的相关介绍中有常用药品介绍，如果你只是根据自测认为自己患有这种疾病，千万不要盲目买药服药。

治疗疾病不是一件简单的事情，而确诊则更需要医生的专业知识和多年的临床医学经验才能完成。在医生确诊之前，你只需要查看其中的注意事项，在没有排除疾病之前，按照注意事项来保护自己即可。

10.3 足不出门，在线就诊

现在的医院总是人满为患，就算在早上6点出门，可能到医院时已经排满了看病的人。这对病人的生理和心理都是一种巨大的折磨。

为了避免这种痛苦，其实你可以选择在网络上寻找一些便利的方法，比如在线就诊，也可以在网上挂号。没有了排队的痛苦，还留有更多的时间用来休息。

10.3.1 在网上看医生

也许，并不专业的自我诊断疾病让你并不放心，如果你不想出门，又想有专业的医生为你解答疑问，可以试一试在网上就诊。

如今，有很多热心的好医生都在网上设立了个人主页，不仅为患者提供免费咨询服务，有的医生还提供了电话咨询服务。在网上就诊没有地域限制，就算你身在北方，找一个南方的名医为你解答疑惑都是轻而易举的。

如果你对网上就诊有兴趣，下面就来学习吧。可以在网上就诊的网站有很多，此处就以近年来比较有名的好大夫在线为例，向中老年朋友介绍在网上就诊的具体操作步骤。

想要在好大夫在线上提问就诊，必须先注册账号，在好大夫在线上注册账号的具体操作步骤如下。

01 启动 IE 浏览器，打开好大夫在线官方网站，在页面上方单击“注册／登录”按钮，进入注册页面。

02 在打开的页面中填写新用户注册信息，填写完成后单击“同意服务条款，注册！”按钮即可完成注册。

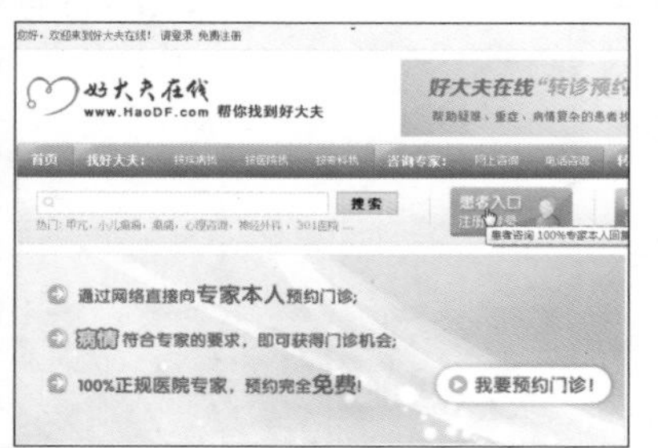

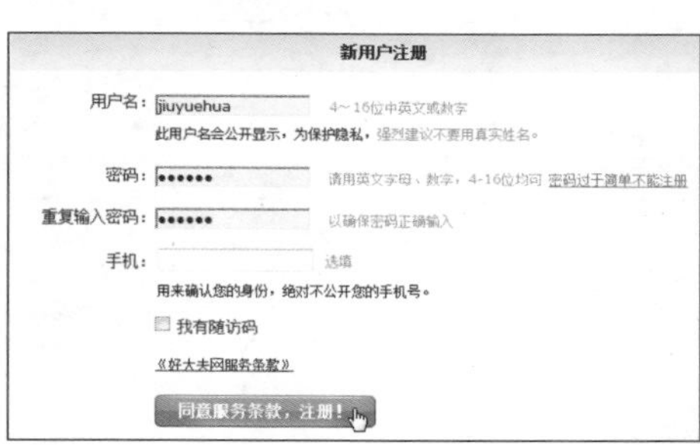

注册了账号之后，就可以开始咨询就诊了。在好大夫网站中，你不仅可以根据自身症状向医生咨询，让医生判断你是否患病，还可以把已经确诊的疾病告诉给医生，让医生看看有没有更好的治疗方法。下面介绍向医生更深一步咨询如何治疗疾病的具体操作步骤。

01 启动 IE 浏览器，打开好大夫在线的官方网站。如果你已经知道自己所患的是什么疾病，可以在首页中单击想要就诊的疾病名称，或在文本框中输入疾病名称，然后单击“搜索”按钮。此处以就诊外科中的“胆结石”疾病为例来介绍具体操作步骤。在页面下方“找好大夫”栏中单击“外科”的“胆结石”超链接。如果在“外科”中没有你想要就诊的科目，你可以单击“更多”超链接，查找更多的外科疾病。

02 在打开的页面中将显示全国治疗胆结石的医生，并简单地介绍了医生所在的医院科室、咨询范围和大概回复时间等信息。单击想要就诊的医生名字，进入该医生的信息中心页。

03 在打开的医生信息中心页中，可以查看患者对该医生的满意度、看病经验等信息，让你可以从侧面了解该医生的医术水平。如果确定要咨询该医生，可以单击“咨询××”按钮（××为医生名字）。

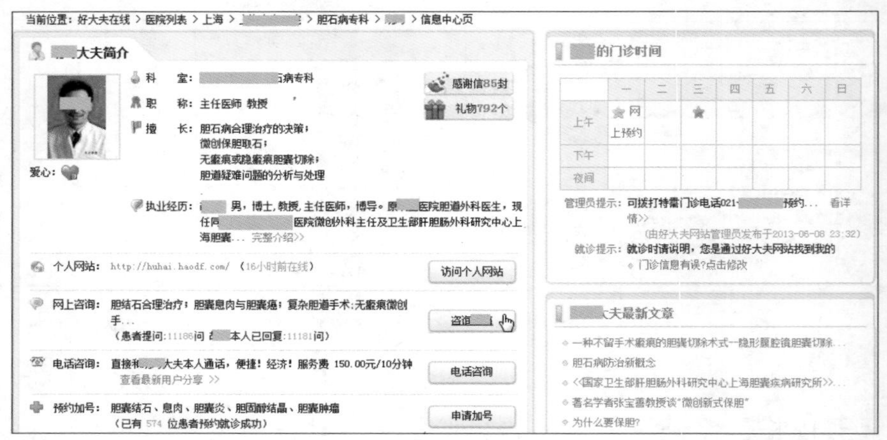

04 在打开的页面中会有系统的提示，根据提示按要求填写资料和与疾病相关问题。在疾病描述页面，你需要详细地描述你的当前情况并填写在文本框中，页面右侧有关于疾病描述的举例说明可供参考。在“希望医生提供的帮助”文本框中填写你想要得到的帮助，填写完成后单击“完成并保存”按钮。

05 第一次咨询时，在随后打开的页面中填写真实姓名、出生日期、所在省份等信息，填写后完成单击“保存”按钮。

06 在打开的页面中填写咨询的标题，单击“保存”按钮，然后查看下方填写的描述资料是否与实际情况相符。如果填写错误，可以单击右侧的“修改”超链接修改，完成后单击“完成提交”按钮即可提交该咨询。

07 完成提交后，系统弹出提交成功的信息，此次咨询就完成了，你只需要静待医生的回答即可。

在你等待医生回答的时间里，可以继续询问其他医生，也可以查看其他患者的提问，也许有人也问了与你相似的问题，这样你就可以更快地得到答案了。

网上就诊并不是即时性的，因为医生不可能随时在线为你解答问题，你的提问可能会推迟 1 ~ 2 天回答，甚至更久的时间才能得到回答。此时，选择广撒网是非常明智的，多找几个医生咨询你的问题，再搜索一下其他患者提出的与你相似的问题，看一看医生是怎样回答的。

在好大夫在线上查看其他患者提问的具体操作步骤如下。

01 启动 IE 浏览器，打开好大夫在线官方网站，在导航栏中单击“网上咨询”超链接。

02 在打开的页面中有很多关于自身疾病的提问，单击咨询分类中你想要查看的科室，如“外科”中的“肝胆”。在右侧有关肝胆科的问题中，切换到“胆结石”选项卡，可以看到与胆结石有关的咨询题目，单击想要查看的咨询题目。

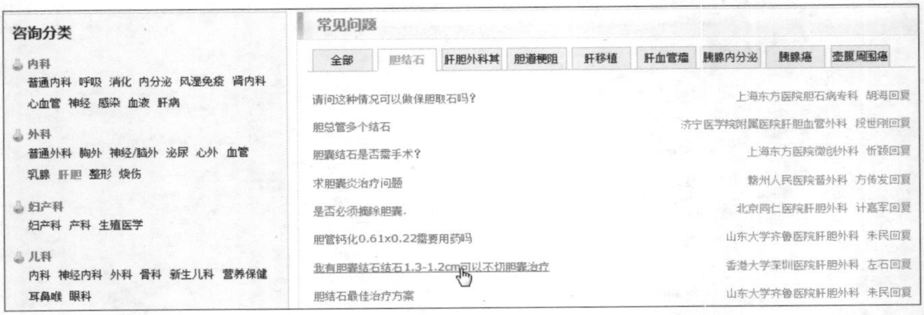

咨询分类

内科
普通内科 呼吸 消化 内分泌 风湿免疫 肾内科
心血管 神经 感染 血液 肝病

外科
普通外科 胸外 神经/脑外 泌尿 心外 血管
乳腺 肝胆 整形 烧伤

妇产科
妇产科 产科 生殖医学

儿科
内科 神经内科 外科 骨科 新生儿科 营养保健
耳鼻喉 眼科

常见问题

全部 胆结石 肝胆外科其 胆道梗阻 肝移植 肝血管瘤 胰腺内分泌 胰腺癌 壶腹周围癌

请问这种情况可以做保胆取石吗？	上海东方医院胆石病专科 胡海回复
胆总管多个结石	济宁医学院附属医院肝胆血管外科 段世刚回复
胆囊结石是否需手术？	上海东方医院微创外科 忻颖回复
求胆囊炎治疗问题	赣州人民医院普外科 方传发回复
是否必须摘除胆囊.	北京同仁医院肝胆外科 计嘉军回复
胆管钙化0.61x0.22需要用药吗	山东大学齐鲁医院肝胆外科 朱民回复
我有胆囊结石结石1.3-1.2cm可以不切胆囊治疗	香港大学深圳医院肝胆外科 左石回复
胆结石最佳治疗方案	山东大学齐鲁医院肝胆外科 朱民回复

03 在打开的页面中有患者病情自述和医生回答，看一看该患者与你的情况是否相似，而其他医生的回答是否对你有所帮助。

虽然网上就诊可以让你省去四处奔波，但医生也因为不能与你面对面交流，分析疾病时仅从你的自我描述中判断，得到的结果可能不是太准确。所以，如果有时间，最好还是应该到医院认真检查，早发现早治疗才能保证身体健康。

10.3.2 名医在线预约

只要有过就医经历的人，都会对医院里人山人海的排队大军记忆深刻，而且很多名医都是一号难求。随着互联网的发展，很多医院也与时俱进，不仅建立了医院的官方网站，还在网站上开通了网上挂号的服务。

在网上预约挂号只要提前一天在家里通过网络预约，第二天再去医院取号即可，不仅避免了到医院大厅排队的苦恼，还可以轻松预约名医，省时又省心。

下面就以在重庆大坪医院的官方网站上进行网上预约挂号为例，介绍在线预约名医的具体操作步骤。

01 启动IE浏览器，进入想要挂号的医院网站，这里以重庆大坪医院为例。如果你不知道医院网站的地址，可以通过百度搜索，目前国内较大的三甲级别的医院大多都设立了官方网站。

02 进入医院首页之后，单击“网上预约挂号”按钮。

03 进入网上预约挂号系统之后，先阅读挂号须知，查看预约的流程和预约成功后取号的方法。虽然每一个医院的预约流程和取号方法可能有一些不同，但相差也不会太大。

04 阅读挂号须知之后，如果你决定要在网上挂号，需要先注册账号。单击左侧的“病员注册”按钮，进入注册页面，认真阅读“医院网络服务使用协议”之后，单击“同意”按钮。

05 在“病员注册”页面认真填写用户名、密码、真实姓名等注册信息，填写完成后单击“注册”按钮，弹出提示窗口提示你注册成功。单击“确定”按钮回到“网上预约挂号”页面。

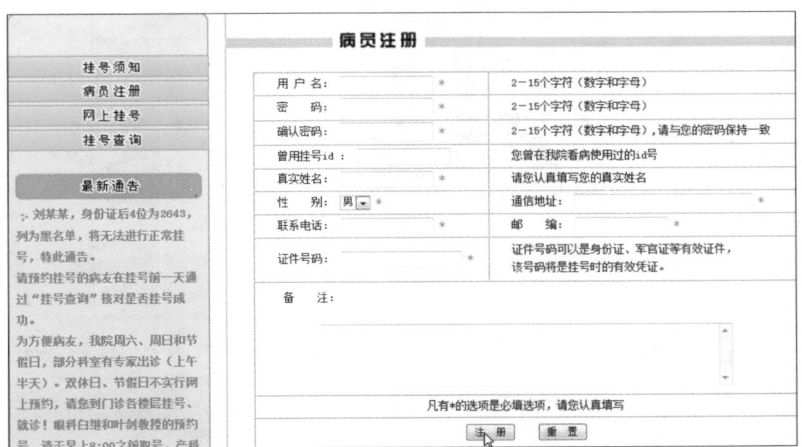

06 单击左侧的“网上挂号”按钮，然后在右侧选择你想要挂号的科室，这里以“高血压内分泌科”为例。

网上挂号

挂号须知
病员注册
网上挂号
挂号查询

最新通告

刘某某，身份证后4位为2643，列为黑名单，将无法进行正常挂号，特此通告。
请预约挂号的病友在挂号前一天通过“挂号查询”核对是否挂号成功。
为方便病友，我院周六、周日和节假日，部分科室有专家出诊（上午半天）。双休日、节假日不实行网

请选择相关科室进行挂号

心血管内科	消化内科	神经内科
呼吸内科	高血压内分泌科	肛肠科
乳腺外科	胃肠肛肠疝外科	肝胆外科
内分泌科	神经外科	关节四肢外科
泌尿外科	腹部创伤外科	口腔科
耳鼻咽喉头颈外科	眼科	儿科
皮肤科	中医科	肿瘤科
肾脏内科	颌面头颈外科	血液内科
风湿免疫科	软组织门诊	乳腺甲状腺血管外科
四肢脊柱创伤外科	脊柱外科	心血管外科
胸外科	老年科	疼痛门诊
睡眠心身疾病	妇科	产科
整形美容科	营养科	

07 在打开的页面中将显示名医信息，在阅读了名医名称、出诊时间等信息之后，选择一个你想要预约的名医。

08 选择好想要预约的名医之后，在名医的简介下方输入用户名和密码，然后单击“挂号”按钮。如果预约成功，将弹出提示窗口，提示你已经成功预约了该名医，你只需按照挂号须知中的取号方法到医院取号即可。

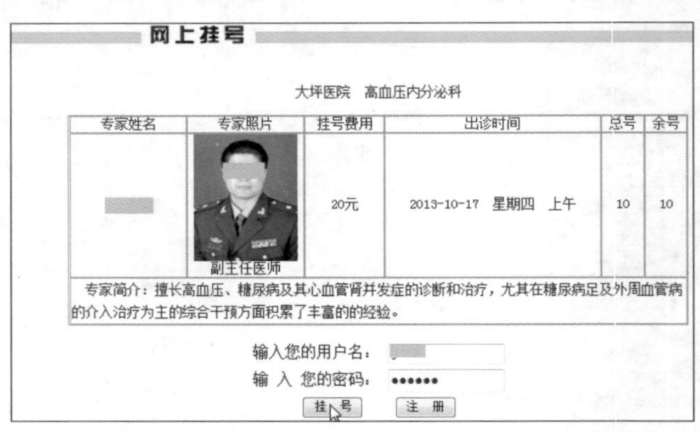

在网上预约名医是不是很简单？现在，你再也不用担心赶到医院却被告知名医的号已经被挂完的状况，只要提前预约，你随时都可以和名医面对面。

第11章

网上金融与购物

随着网络的不断发展和普及，越来越多的网络应用融入我们的日常生活中。

你也许早就听儿女说起网上购物，到银行存钱时也有柜员向你推荐网上银行业务，可是你却总是怀疑网上银行的实用性和安全性。

其实，从网上银行出现到现在已经经历了十几年的发展，如今网上银行在安全和实用方面都已经做得很好。如果你还徘徊在网上银行的大门之外，不妨多了解一下，相信在揭开了网上银行神秘的面纱之后，你一定会喜欢上这种方便快捷的理财和购物方式。

11.1 不再神秘的网上银行

在没有接触电脑之前，试想一下通过一台电脑和一根网线就能将自己银行账户里的钱转移到其他地方，确实是一件不可思议的事情。但是，通过网上银行，足不出户就可以轻松实现查询、转账、信贷和投资理财等业务，在你不愿意出门的时候，只要有网络，你就可以轻松缴纳水电费、电话费等。如此便捷的方法你怎么能错过呢？

11.1.1 安全登录网上银行

要使用网上银行，必须先到银行开通网上银行业务，下面以工商银行为例，介绍使用网上银行的具体操作步骤。

开通网上银行业务需要到银行的营业厅进行办理。用户只需携带中国工商银行的银行卡及有效证件到中国工商银行营业厅，根据服务员提示填写相关表格即可免费开通网上银行业务。如果你还没有工商银行的账户，需要先申请开户。

申请开通了网上银行后，你就可以登录网上银行了，但是在没有安装安全控件之前，“登录密码”文本框会处于不可编辑的状态，你需要根据提示安装安全控件，以保证网上银行的安全。其具体操作步骤如下。

01 启动 IE 浏览器，打开中国工商银行网站（http://www.icbc.com.cn），然后单击“用户登录”栏中的“个人网上银行登录”按钮。

02 系统自动打开中国工商银行的网银系统页面，单击“第一步”中的“工行网银助手”下载超链接。

03 根据提示下载安全控件，下载完成后运行该控件，跟随提示完成安装。安装完成后启动“工行网银助手”窗口，单击“无U盾客户快速安装”按钮，软件将自动下载并安装安全控件。

04 安装完成后，在“工行网银助手”窗口中单击“快捷链接”选项卡，然后单击“个人网银”超链接进入网上银行登录界面。

05 在打开的登录界面中输入银行卡号、登录密码和验证码信息，然后单击“登录”按钮即可正常登录。

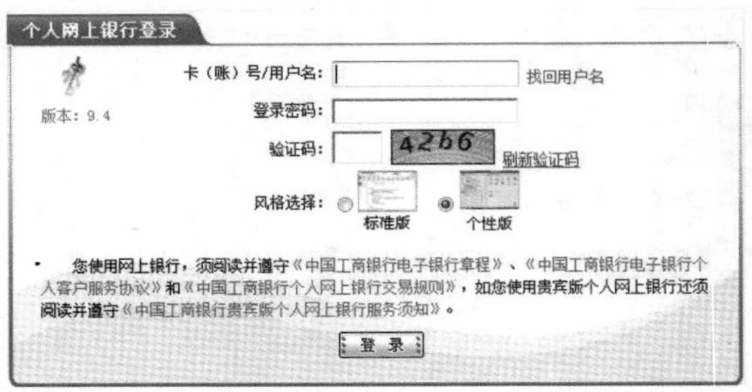

虽然现在已经可以使用网上银行了，也有密码保护，可很多中老年人还是担心银行账户的安全。其实，我国的各大银行一直在改进网络银行的安全问题，到如今其保护措施已经非常完善，从以前的只使用密码，到如今的电子密保卡、U盾、手机验证等，各种手段都能保证银行账户的安全。

为了确保网上支付的安全性，中国工商银行推出了网上银行安全工具——U盾和电子银行口令卡。中国工商银行的用户必须使用其中一个安全工具，才能通过网上银行完成资金的对外支付业务。

U盾又称为数字证书，是身份认证的数据载体，其外形酷似U盘，在进行网上交易时需要将U盾插入电脑的USB接口中，并输入正确的U盾密码，方可进行交易。只要是中国工商银行网上银行客户，携带本人有效证件及要开通网上银行业务的银行卡到该行营业网点即可申请U盾。

此外，中国工商银行用户也可以凭有效证件到银行柜台申

请一张电子银行口令卡。该卡以矩阵形式印有若干个数字，客户在使用电子银行进行对外转账、B2C 购物、缴费等支付交易时，电子银行系统会随机给出一组口令卡坐标，客户根据坐标可以从卡片中找到对应的数字口令组合，然后输入到电子银行系统中即可，只有输入正确的口令才能完成相关交易，该口令组合一次有效，交易结束后即失效。

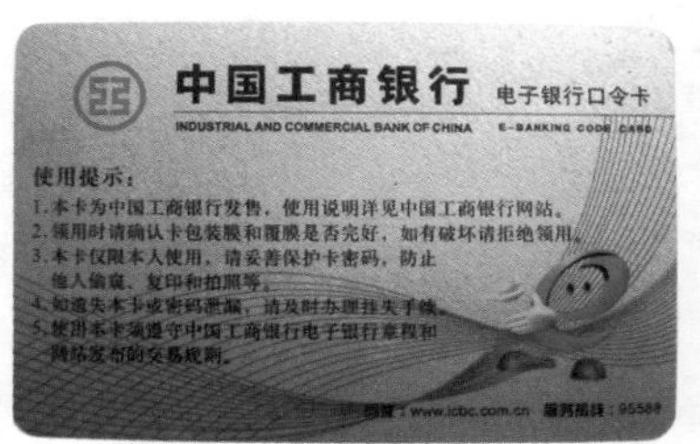

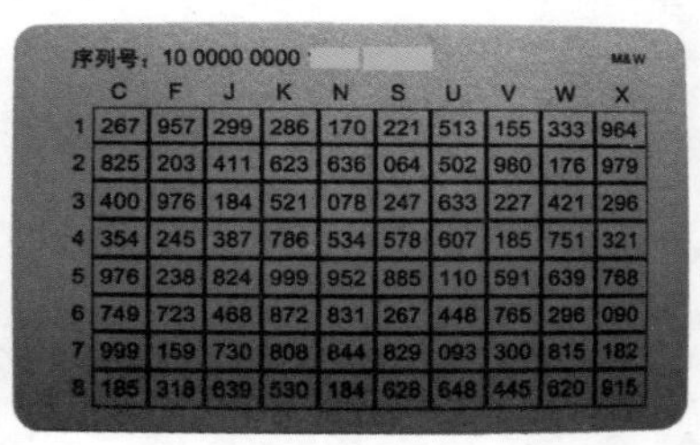

有了这些安全手段，你还有什么可担心的呢？如果你还是对网上银行的安全有质疑，又想使用这种便捷的理财、购物方式，不妨申请一张新的银行卡，只在有交易的时候才存入一定金额，这样就不用担心银行卡安全问题了。

11.1.2　银行卡余额明细随时查

以前，需要查询银行账户里的余额只有到银行查询这一种方法。可是，银行里排队的人多不说，如果银行离家比较远，天气又不好，真的很不方便。

如今，这一切都不再成为你的困扰，当你开始办理了网上银行之后，就可以登录网上银行查询余额了。在网上银行不仅可以查询银行卡中的余额，还可以查询注册到网上银行的所有本人账户（含下挂账户）及托管账户（含下挂账户）的基本信息。

那么，这里就以在中国工商银行中查询某个账户为例，介绍在网上查询银行卡中的余额的具体操作步骤。

01 登录中国工商银行的网上银行，单击导航栏中的“我的账户”超链接。

02 进入“我的账户”页面，在账户列表中单击要查询账户“操作”栏中的“余额明细”超链接。

03 在打开页面的“明细查询”栏中设置好要查询的币种和起止日期等信息，然后单击“查询”按钮，在打开的页面中即可查询该账户的明细信息了。

子账户序号：00000 子账户类别：活期 子账户别名：

序号	交易日期	业务摘要	币种	钞/汇	收入金额	支出金额	余额
1	2010-04-18	现存	人民币	钞	1,200.00		5,050.19
2	2010-04-24	个人	人民币	钞	40.00		5,090.19
3	2010-04-24	ATMD	人民币	钞		100.00	4,990.19
4	2010-04-27	转帐	人民币	钞	1,199.50		6,189.69
5	2010-04-27	ATMD	人民币	钞		2,000.00	4,189.69
6	2010-04-27	ATMD	人民币	钞		2,000.00	2,189.69
7	2010-04-	卡存	人民币	钞	1,400.00		3,589.69

查询余额明细功能不仅能让你看到银行账户中的余额，还能看到收入和支出的金额，当你对银行卡中的余额有疑问时，可以随时查看。

11.1.3 选择网上转账不用排队

每次到银行时，总是可以看到柜台前面排起长龙，开通了网上银行之后，坐在家里就可以给朋友转账汇款，非常方便。

下面就以用中国工商银行的网上银行为朋友转账为例，介绍在网上银行转账的具体操作步骤。

01 登录中国工商银行网上银行，在导航条中单击“转账汇款”超链接。

02 在打开页面的“转账汇款”列表中单击“工行转账汇款”超链接。如果你需要转账的是其他银行，也可以使用跨行转账业务，但是跨行转账需要收取一定的手续费，而本地同行转账则是免费的。

03 在打开的页面中填写转账的相关信息，收款人的账号信息必须填写正确，最好在填写完成之后再确认一遍。将转账信息填写完成后单击“提交”按钮。

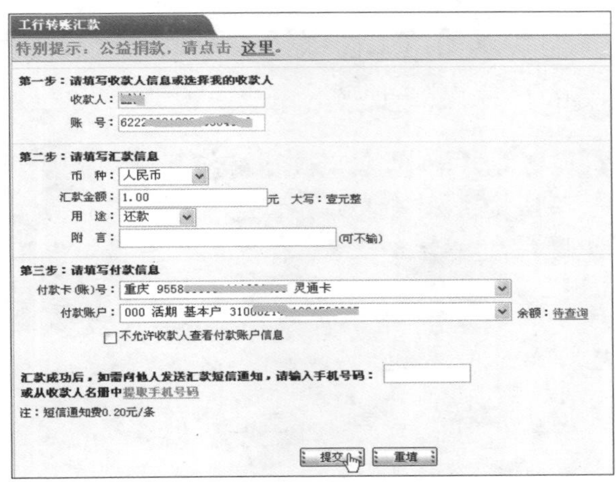

04 在打开的页面中输入相应的验证码，单击“提交”按钮。

05 如果你申请了U盾，此时会让你输入安全支付密码，如果是采用其他安全密码保护方式，你只需要根据提示操作即可。操作完成后单击“确定”按钮。

06 系统弹出提示对话框，需要再次确认收款人姓名、账号，转账的金额等相关信息，然后单击“确定”按钮。

07 在打开的页面中将提示交易成功并显示交易的相关信息，单击“返回”按钮将退出登录。

就这样，转账的操作就完成了，是不是比想象中简单多了？学会转账之后，你再也不需要到银行排队了。

11.1.4 在网上交水电燃气费

每次去交水电费燃气时，你有没有发现收费处总是排起长龙？那是因为每个月抄表员都是在固定的时候上门抄表，这就导致了大家交费的时间总是集中在那几天。为了避免交费排队的麻烦，你完全可以在家里动动鼠标交水电燃气费。

下面，我们就以使用工商银行的网上银行交电费为例，介绍在网上交费的具体操作步骤。

01 启动工行网银助手，单击“快捷链接”选项卡，再单击“个人网银”超链接进入登录界面。也可以直接启动 IE 浏览器，打开工商银行的官方网站，然后单击“个人网银”按钮进入。

02 进入账户登录界面后，输入你的工行银行卡号及密码等信息，然后单击“登录”按钮。

03 登录个人网上银行后，单击导航栏中的“缴费站”超链接。

04 在打开的“缴费产品”页面中，单击需要缴费项目右侧的“缴费”超链接。因为这里是交电费，所以单击“重庆电力公司”右侧的“缴费”超链接，如果你要交其他费用则单击其他对应的超链接。

6	保险费	务工人员意外伤害保险	重庆	太平财产保险有限公司重庆分公司	缴费 加入常用
7	信息通讯费	移动渝州行、全球通	重庆	移动公司	缴费 加入常用
8	信息通讯费	中国移动	重庆	移动公司	缴费 加入常用
9	公共事业费	团费	重庆	中国工商银行重庆市分行团委(团费专户)	缴费 加入常用
10	信息通讯费	代缴联通手机费	重庆	中国联通	缴费 加入常用
11	信息通讯费	代缴联通座机费	重庆	中国联通	缴费 加入常用
12	信息通讯费	联通手机充值	重庆	中国联通	缴费 加入常用
13	公益捐款	慈善捐款	重庆	重庆市慈善总会	缴费 加入常用
14	公益捐款	赈灾捐款	重庆	重庆市大渡口区红十字会	缴费 加入常用
15	公共事业费	重庆电力	重庆	重庆市电力公司	缴费 加入常用
16	信息通讯费	中国电信	重庆	重庆市电信有限公司	缴费 加入常用
17	学校学杂费	学杂费	重庆	重庆市丰都中学校	缴费 加入常用
18	公益捐款	重庆红十字会网上捐款	重庆	重庆市红十字会	缴费 加入常用

中国工商银行版权所有　京ICP证 030247号

网站地图 | 联系我们 | 网站声明 | 服务网点 | 服务热线 95588

05 进入在线缴费页面，输入账单号。输入完成后单击“提交”按钮。

06 在打开的页面中将显示应交费的金额，单击“提交”按钮，然后根据提示使用自己的安全工具进行缴费即可。

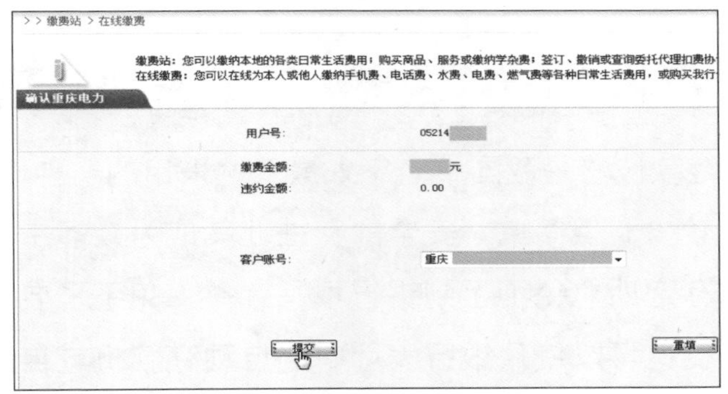

完成后，看看是不是到交水费的时候了呢？趁着刚刚学习交电费的劲头，把水费也一起交了吧。学会了这些便捷的网上交费之后，你再也不需要东奔西跑交各种费用了，只需要坐在电脑前，从容不迫地完成交费的工作。

而且，除了中国工商银行之外，还有很多网站也提供了交水、电、气费用的功能，如中国电信、支付宝等，你可以根据自身的情况选择。只要记住水、电、气卡的卡号，输入之后就会显示应该交纳的费用，再通过网上银行付款即可。

11.2 网上银行理财也方便

现在，银行的理财产品日益增多，也吸引了众多中老年人的目光，许多人都琢磨着如何将手中的人民币收益最大化。正因为如此，许多中老年人总是免不了三天两头地往银行跑，了解定期利率、查看近期基金收益情况。

如果，学会了使用网上银行理财，这一切都会变得简单许多，你只需要坐在家里查询各种理财产品的收益，然后再购买看中的理财产品，坐等投资带来的收益就可以了。

11.2.1 在网上存钱

定期存款应该是我国中老年人最普遍采用的一种理财方式，虽然收益较少，但简单、安全的特性让其成为众多中老年人首选。以前存定期总免不了到银行填写存单，免不了要排队，现在有的银行也可以使用银行大厅中的自动存款机或自助终端进行定期存款的操作。

但是，无论选择以上哪种方法，都必须到附近的营业网点才能办理，如果觉得麻烦，在开通网上银行后你可以在网上办理定期存款。

下面，就以中国工商银行为例，介绍在网上办理定期存款手续的具体操作步骤。

01 启动 IE 浏览器，登录中国工商银行网上银行，在导航条中单击“定期存款”超链接。

02 在打开的页面中将显示定期存款的类型，你可以查看不同存期的利率和起存金额。选择一个适合自己的定期存款类型，单击右侧的“存入”超链接，此处以存一年的定期为例。

存入定期存款

储蓄种类：全部　币种：请选择　查询　存款计算器　组合存款设计

序号	产品名称	币种	存期	挂牌利率(%)	起存金额(元)	操作
1	个人人民币3月期整存整取存款	人民币	3个月	2.85	50.00	详情 存入
2	个人人民币6月期整存整取存款	人民币	6个月	3.05	50.00	详情 存入
3	个人人民币1年期整存整取存款	人民币	1年	3.25	50.00	详情 存入
4	个人人民币2年期整存整取存款	人民币	2年	3.75	50.00	详情 存入
5	个人人民币3年期整存整取存款	人民币	3年	4.25	50.00	详情 存入
6	个人人民币5年期整存整取存款	人民币	5年	4.75	50.00	详情 存入
7	个人外币1月期整存整取存款	外币	1个月	-	-	详情 存入
8	个人外币3月期整存整取存款	外币	3个月	-	-	详情 存入
9	个人外币6月期整存整取存款	外币	6个月	-	-	详情 存入
10	个人外币1年期整存整取存款	外币	1年	-	-	详情 存入
11	个人外币2年期整存整取存款	外币	2年	-	-	详情 存入
12	一年人民币存本取息	人民币	1年	2.85	5,000.00	存入
13	三年人民币存本取息	人民币	3年	2.9	5,000.00	存入
14	五年人民币存本取息	人民币	5年	3.0	5,000.00	存入
15	一年人民币零存整取	人民币	1年	2.85	5.00	存入

03 在打开的页面中填写要存入定期的金额和卡号等信息，填写完成后单击“提交”按钮。

04 提交成功后弹出确认定期存款信息，单击“确定”按钮，你的定期存款就办理完成了。

这么简单的操作，相信你一定能够很快掌握。在网上除了可以将活期存款转为定期存款，当你需要现金支出时，还可以随时将定期存款转为活期存款，以应付当前的开支。

11.2.2　在网上投资基金

定期存款虽然收益稳定，但回报率并不高，所以很多中老年人都把目光转向了基金产品。各个银行都有托管的基金产品，

如果你想要购买基金，除了可以到各大银行的网站查询之外，也可以通过网上银行查询。

通过网上获取基金信息，省去了往来银行和在银行排队等候的时间，十分方便。下面以工商银行的网上银行为例，介绍在网上查询基金的操作方法。

01 启动 IE 浏览器，登录中国工商银行的个人网上银行，单击导航栏中的“网上基金”超链接。

02 在“基金产品信息”页面中将显示中国工商银行代理的基金新产品推荐，页面下方则是所有的基金产品列表。

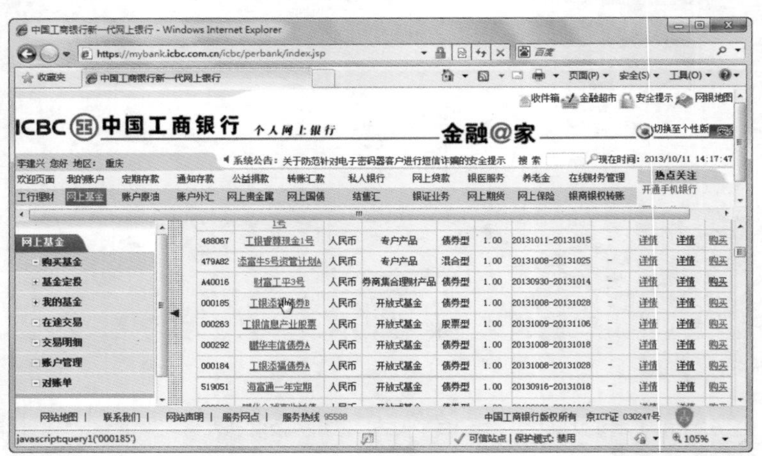

03 如果你要了解其中一种基金，可以单击基金名称，在打开的页面中会显示该基金的详细信息。

网络上的基金品种较多，你可能需要花费较长的时间来决定到底需要买哪一种，在全面了解想要购买的基金产品后，就可以通过网上银行进行购买了。在中国工商银行的网上银行购买基金的具体操作步骤如下。

01 启动 IE 浏览器，登录中国工商银行的个人网上银行，单击“网上基金”超链接，进入基金购买页面。

02 在打开的页面中选择需要购买的基金，单击想要购买的基金名称右侧的“购买”超链接。

03 在打开的页面中将显示“账户管理”界面，其中可以看到使用的基金交易卡号，单击“确定”按钮。

04 页面中将显示基金托管账户，单击“返回”按钮。

05 在页面中输入需要购买的交易金额，单击“确认”按钮。

06 页面中将再次显示交易卡号、基金名称及申购金额等信息，单击“确认”按钮确认申购即可。

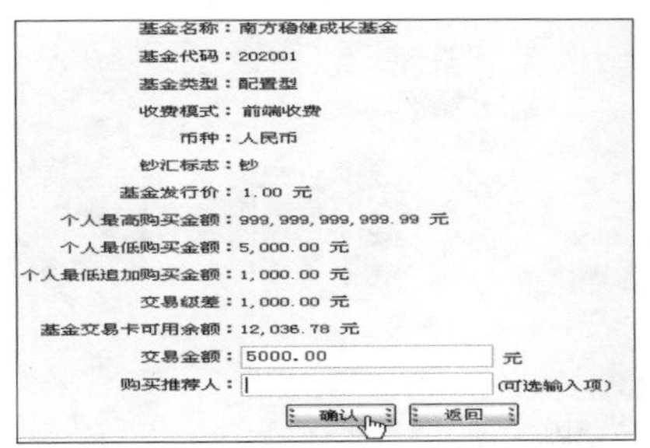

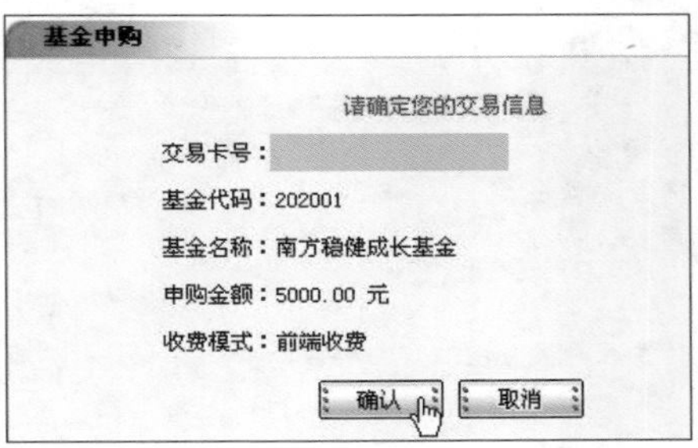

基金的网上购买就完成了。足不出户就能投资理财的感觉怎么样？当然，你除了可以在网上购买基金，如果遇到需要资金周转或者改变投资目标等情况，可以将已经购买的基金赎回，具体操作步骤如下。

01 启动 IE 浏览器，登录中国工商银行网上银行，单击导航栏中的“网上基金”超链接，在打开的页面中单击“我的基金”→“赎回基金”超链接。

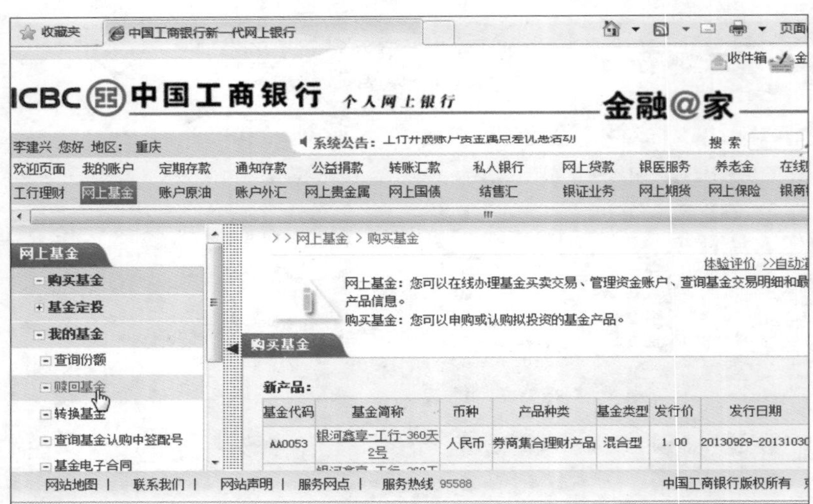

基金代码	基金简称	币种	产品种类	基金类型	发行价	发行日期
AA0053	银河鑫享-工行-360天2号	人民币	券商集合理财产品	混合型	1.00	20131029-2013103

02 在打开的页面中将显示用户的基金账户信息、基金公司账户信息和卖出的所有基金相关信息。

03 拖动滚动条到页面下方，在要赎回的基金的“操作”列中单击“赎回”超链接。

04 在“基金赎回”栏的“赎回份额”文本框中输入需要赎回的份额，然后单击“确定”按钮即可。

但是，提前赎回基金会对投资收益造成一定的损失，所以在选择投资的基金前一定要慎重。

还有一种购买基金的方式，叫做基金定投，这是一种定期定额投资某只基金的投资方式，只限于开放式基金。开放式基金可以一次单笔购买，也可以每月固定投一笔钱。“定期定额”是指每隔一段固定时间（一般为一个月）以固定的金额投资于同一只开放式基金，这种小额投资方式适合无大笔资金投资但具备长期理财需求的人。

同普通开放式基金的购买方式一样，基金定投同样也可以分为网下办理和网上办理两种。

- 网下办理：投资者只需要带上身份证去各大基金代销银行或者证券营业部办理即可。
- 网上办理：是指投资者通过基金管理人指定的发售代理机构，用网上交易系统以现金进行的认购，通常包括网上银行和基金网站两种方式。

网下办理基金定投的方法相信很多人都已经知道，所以此处就以在工商银行的网上银行办理基金定投为例，介绍在网上办理基金定投的具体操作步骤。

01 登录中国工商银行网上银行，单击导航栏中的“网上基金”超链接。

02 在左侧的账户导航列表中单击“基金定投”下的“设置基金定投”超链接。

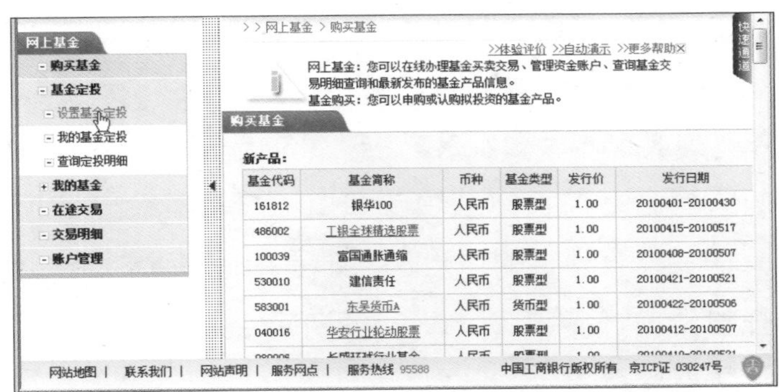

03 在打开的页面中显示了该银行代理的所有开放式基金列表，单击想要购买的基金名称进入。

04 在打开的页面中可看到该基金的详细情况，若决定购买该基金，单击右侧的“定投”按钮。

05 如果用户是第一次在该银行购买基金，系统会提示用户进行风险评估，单击“确定”按钮继续。

06 在打开的页面中显示一个调查问卷，根据自身实际情况进行回答，完成后单击“提交”按钮。

07 进评估完成后单击“返回”按钮，进入“中国工商银行网上基金定投业务须知”页面，单击“我要办理”超链接。

08 在打开的页面中设置收费方式、定投期限、定投方式和定投时间间隔等，完成后单击“确定”按钮。

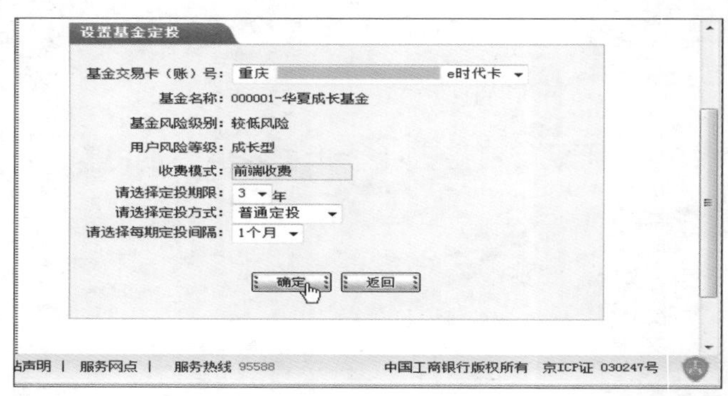

09 询问用户是否确定投资该基金，在单击“提交”按钮后，打开的页面将显示基金定投成功，单击“完成”按钮即可。

在购买基金之前，你必须要知道，投资基金与定期存款有所不同，基金具有一定的风险，并不是所有基金都能如愿获利。所以，在投资前一定要多了解、多询问专业人士的意见，做到有的放矢才能获得更大的收益。

11.2.3 在网上炒股

股票是一种有价证券，它是股份有限公司在筹集资金时，向出资人发行的入股凭证。股票是股东出资额及其股东权益的体现，用来证明投资者利益大小的依据，并据此获得红利和股息。目前，股票已经成为金融市场上长期使用的交易方式。

如今，不少中老年人都开始把目光投到了网上炒股，这样不仅可以免去每天奔波于证券公司的劳累，还能在第一时间了解股市行情。

用户在开设证券账户和资金账户时都要选择一家证券公司，如果用户开通了网上交易服务，则可以通过该证券公司提供的网上交易软件进行网上炒股。

以中投证券为例，用户可进入中投证券官方网站的主页（http://www.cjis.cn），单击“软件下载”超链接进行下载。下载并安装好程序后，就可以使用证券资金账号和交易密码登录到网上交易系统，进行股票的买卖操作了。登录中投证券系统的具体操作步骤如下。

01 双击操作系统桌面上的“中投证券超强版”图标，启动交易软件。

02 弹出登录界面，分别在“资金账号”、“交易密码”和“验证码”文本框中输入相应的登录信息，然后单击“登录”按钮。

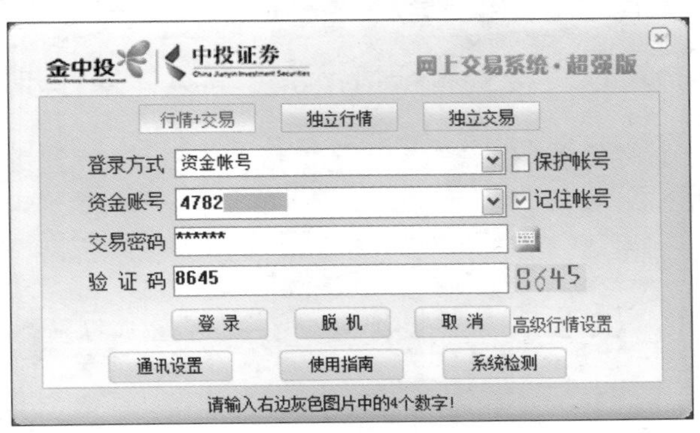

03 稍后进入中投证券网上交易系统主界面，界面分为上下两部分，上方为行情界面，显示股市即时行情信息；下方为交易界面，用于股票交易。

登录了中投证券网上交易系统之后，你就可以开始在上面查看股票行情了，首先要查看的当然是股市大盘走势。其具体操作步骤如下。

01 登录网上交易平台，单击“分析”按钮，在下拉菜单中单击“大盘走势”命令，然后在子菜单中单击“上证180走势”命令。

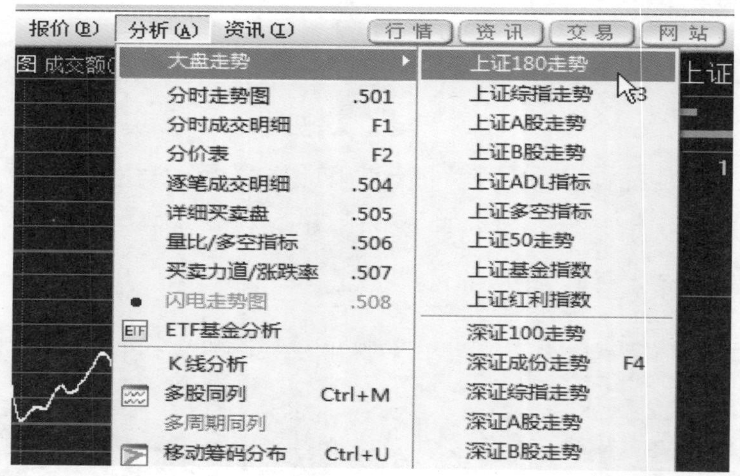

02 大盘分时图会立即出现在页面中供你查看。

当然，你也可以直接查看行情报价，其具体操作步骤如下。

01 登录网上交易平台，单击“报价”按钮，在打开的下拉菜单中单击“分类股票”命令，然后在展开的子菜单中单击“上证A股”命令。

02 随后即可进入上证A股报价页面，在这里可以查看所有上证A股的股票行情。

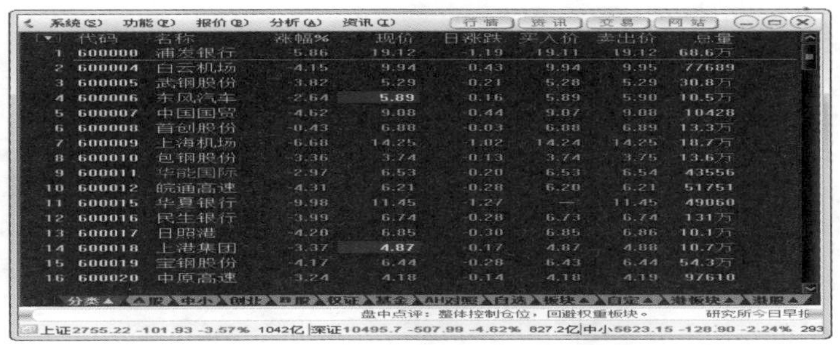

当你已经有特定的目标，对某支股票感兴趣时，也可以查看个股行情。在中投证券网上交易平台中查看个股行情的具体操作步骤如下。

01 登录网上交易平台，在行情报价界面中双击要查看的股票，或直接输入股票代码后按“Enter”键。

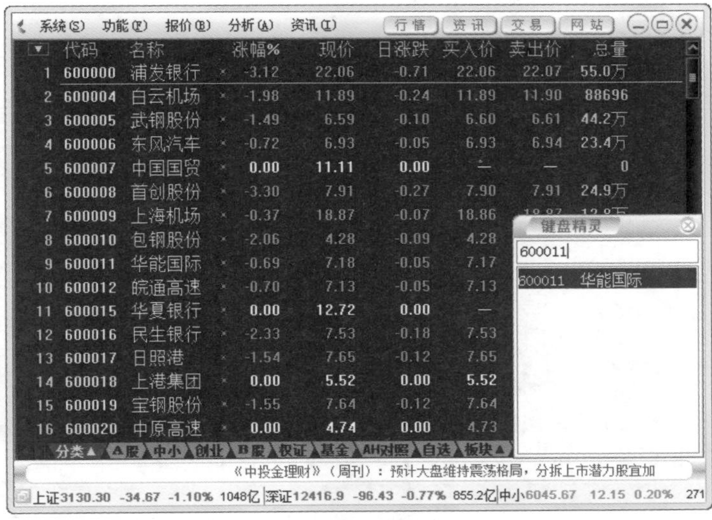

02 随后即可进入个股分时图界面，在这里可以查看个股当日的实时数据。

03 按“F1”键，可以查看个股分时成交明细表，按“Esc”键可退出。

04 按“F2”键可以查看分价表，按“Esc”键可退出。

05 在个股分时图界面中按“Enter”键即可进入个股K线图界面。

06 在个股分时图或K线图界面中按“F10”键，可以进入个股基本资料页面。

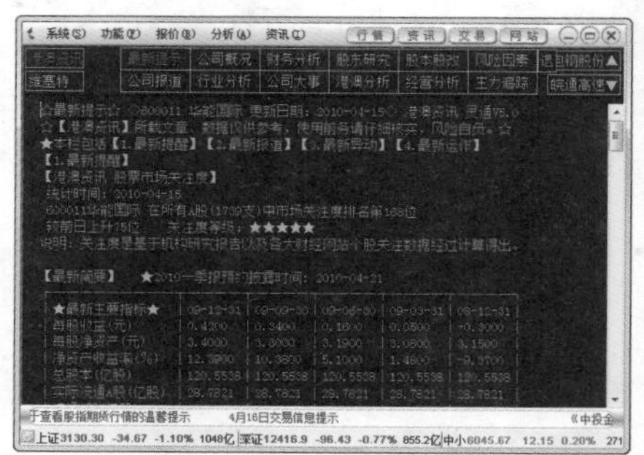

在查看了股票的行情之后，你应该已经找到了心仪的那支股票了。现在，你就可以开始在网上购买股票了。

在买入股票前，首先需要将银行账户中的资金转入证券账户。转入证券账户的资金只能用于证券交易，不能直接提取。如果用户需要提取证券账户中的资金，则需要将资金从证券账户中转入到银行账户。将资金转入证券账户的具体操作步骤如下。

01 登录中投证券网上交易平台，单击左侧功能列表中“银证业务”下的“银证转账”命令。

02 在打开的页面中，设置“转账方式”为“银行转证券（转入）”，输入资金账户密码和要转入的资金数目，然后单击“转账”按钮。

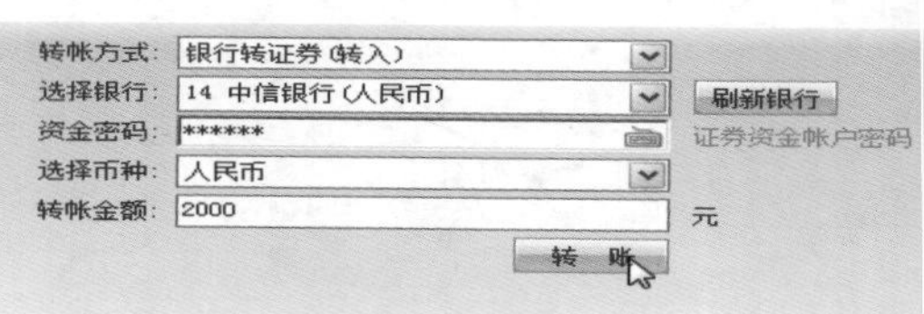

03 弹出提示对话框，单击“确认”按钮，然后会弹出提示转账成功的对话框，单击“确认”按钮即可。

转账完成之后，就可以买入股票了，下面介绍在中投证券网上交易平台买入股票的方法，其具体操作步骤如下。

01 登录中投证券网上交易平台，单击左侧功能列表中的“买入”命令。

02 在“证券代码”栏中输入要购买的股票代码，系统自动显示股票名称、当前价格等信息，输入股票的买入价格、买入的股票数量，然后单击“买入下单”按钮。

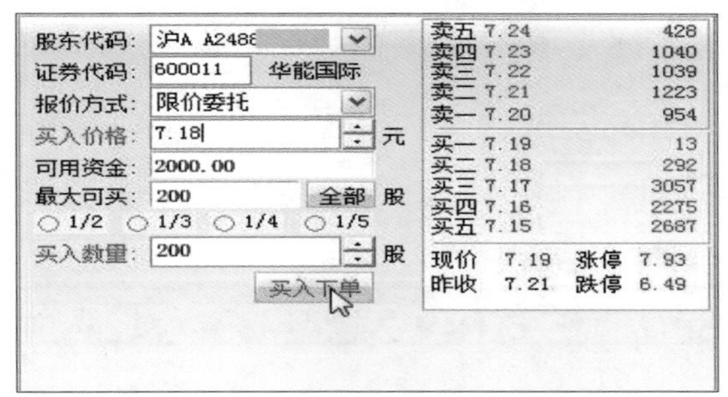

03 弹出“买入交易确认”对话框，单击“买入确认”按钮。

04 弹出“提示”对话框，单击“确定”按钮返回。

05 单击左侧任务列表中“查询”下的“资金股份”命令，如果股票买入成功，则会在右侧的股票列表中看到持有的股票，在上方可以看到账户的资金信息。

购买成功之后，你就可以坐等股价大涨了。不过股票投资的风险较大，股价无论是涨还是跌，都要有一种平和的心态。如果想要卖出股票时，操作方法与买入基本相同，不同之处在于卖出股票是在证券交易平台单击左侧功能列表中的“卖出”命令，然后根据提示进行操作即可。

11.3 在淘宝上轻松购物

随着电子商务的不断发展，网上购物渐渐被网民们所接受，并且逐渐成为时尚生活的一种潮流。网上购物打破了传统的购物模式，让我们足不出户就可以购买到自己满意的商品。

也许，你一直对网上购物心存怀疑，不愿意在没有摸到实物的情况下购买商品，可是当你真正深入了解了网上购物之后，你会发现一切与你想象中的并不一样，网上购物也是安全的。

淘宝网是国内领先的个人交易网上平台，也是亚太地区较大的网络零售商圈。要了解网上购物，你一定不能错过淘宝网。

11.3.1 注册淘宝会员

想要在淘宝上购物或者开店，第一件事就是要注册成为淘宝的会员。在淘宝上注册会员的具体操作步骤如下。

01 启动IE浏览器，打开淘宝网主页（http://www.taobao.com），单击上方的“免费注册”超链接。

02 打开“新会员免费注册”页面，在其中输入会员名、登录密码和验证码等信息，然后单击“同意以下协议并注册”按钮。

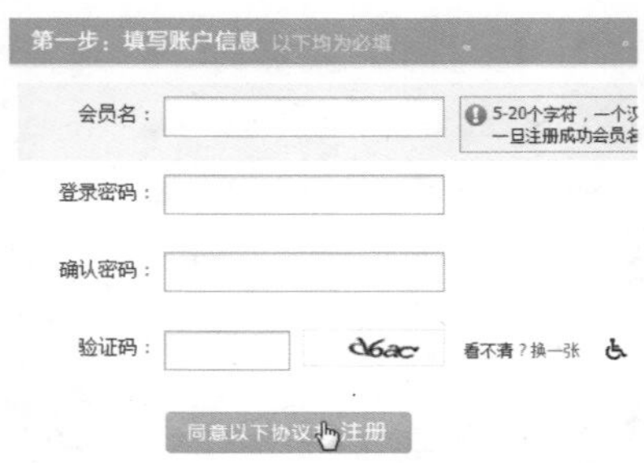

03 打开“验证账户信息”页面，设置好“国家／地区”选项，输入自己的手机号码，然后单击“提交”按钮。

04 你的手机上将收到一条免费的校验码短信，在弹出的“验证手机号码”对话框中输入刚收到的校验码，然后单击“验证”按钮。

05 验证成功后，即可显示成功注册淘宝会员的提示信息了。

成为会员之后，每一次购物之后都可以与卖家进行信用互评，并积累买家信用。不要以为在淘宝上只有你在挑卖家，有的卖家也会根据买家的信用评分来决定是否与你交易，一切都是公平的。

11.3.2 激活支付宝账户

想要在淘宝上购物，只开通网上银行是不够的。淘宝网为了保证买家和卖家的利益，在淘宝网上交易时必须使用支付宝。

支付宝是淘宝网专用的资金交易平台，用户在成功注册为淘宝会员后，就自动开通了支付宝，支付宝账号就是注册时填写的手机号码或电子邮箱，登录密码就是淘宝会员密码。不过要使支付宝账户正常工作，还必须补全信息将其激活，具体操作步骤如下。

01 启动IE浏览器，打开支付宝首页（https://www.alipay.com），在“个人登录”界面中输入用户名（邮箱或手机号）、密码和验证码，然后单击“登录”按钮。

02 在打开的页面中，首先设置账户的基本信息，包括登录密码、支付密码、密码保护等。

03 在下方输入个人信息，包括真实姓名、证件号码等，然后单击“下一步”按钮。

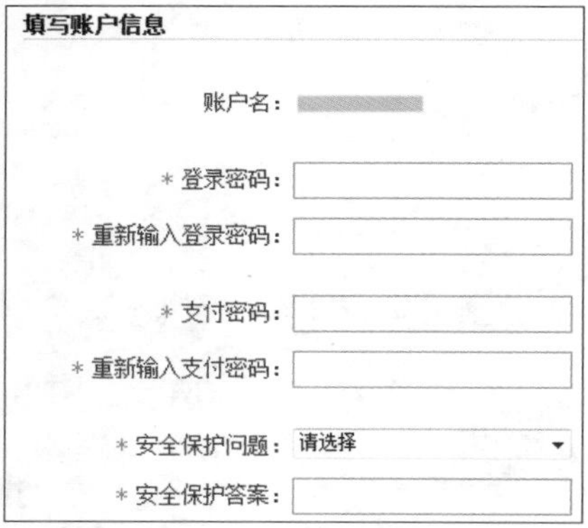

填写账户信息

账户名：

* 登录密码：

* 重新输入登录密码：

* 支付密码：

* 重新输入支付密码：

* 安全保护问题：请选择

* 安全保护答案：

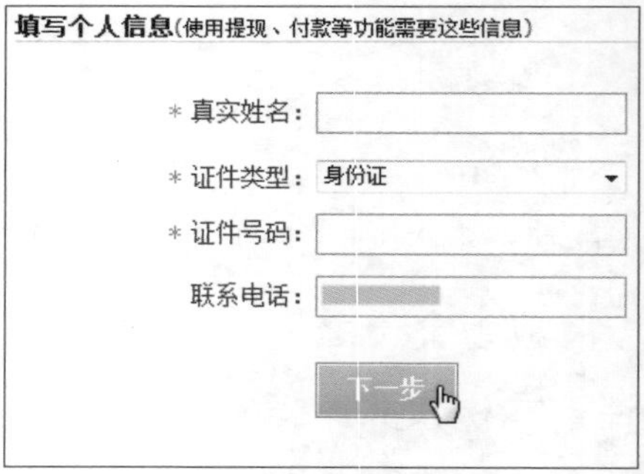

填写个人信息（使用提现、付款等功能需要这些信息）

* 真实姓名：

* 证件类型：身份证

* 证件号码：

联系电话：

下一步

04 在弹出的窗口中会提示补全信息成功。单击“我的支付宝”超链接进入我的支付宝即可。

使用支付宝购物，等于为你的财产多加了一重保险。因为你购买商品的钱一开始并不会划入卖家的账户，而是先存在支付宝里被冻结，当你收到货物之后再确认收货，卖家才能收到钱。所以，在淘宝购物时，支付宝是保证消费者权益必不可少的工具。

11.3.3 为支付宝充值

支付宝作为网上购物的电子钱包，在使用它时要保证支付宝中有足够的余额。刚申请的支付宝中是没有钱的，需要用户为其充值，为支付宝充值主要有以下 4 种方法。

- 网上银行充值：选择和支付宝公司合作的银行中的任意一家银行办理银行卡，并开通该卡的网上支付功能，即可通过网上电子银行为支付宝进行充值。
- 支付宝卡通充值：办理支付宝龙卡并开通卡通业务，开通后即可选择使用支付宝卡通对支付宝进行充值。
- 网点充值：这是支付宝推出的一种全新的支付方式，用户只需到与支付宝合作的营业网点，以现金或刷卡的方式即可完成为账户充值和网上交易订单付款。
- 充值码充值：可以携带现金或银行卡，去带有“支付宝支付网点”标志的营业网点或“拉卡拉”营业网点购买充值码为支付宝充值。

为支付宝充值最常用的方法是通过网上银行充值，下面以中国工商银行网上银行为例，介绍为支付宝充值的具体操作步骤。

01 启动 IE 浏览器，登录支付宝，单击“充值”按钮。

02 在打开的充值页面中默认为银行卡充值方式，选择要充值的网上银行，然后单击“下一步”按钮。

03 在“充值金额”文本框中输入需要充值的金额，然后单击“登录到网上银行充值”按钮。

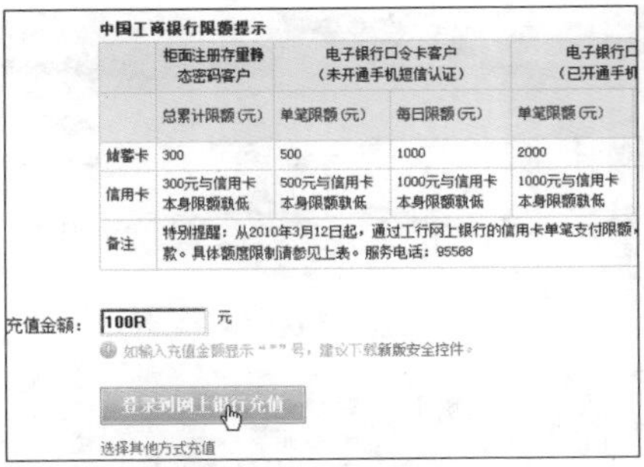

中国工商银行限额提示

	柜面注册存量静态密码客户	电子银行口令卡客户（未开通手机短信认证）		电子银行口（已开通手机
	总累计限额(元)	单笔限额(元)	每日限额(元)	单笔限额(元)
储蓄卡	300	500	1000	2000
信用卡	300元与信用卡本身限额孰低	500元与信用卡本身限额孰低	1000元与信用卡本身限额孰低	1000元与信用卡本身限额孰低
备注	特别提醒：从2010年3月12日起，通过工行网上银行的信用卡单笔支付限额，款。具体额度限制请参见上表。服务电话：95588			

充值金额：100R 元

如输入充值金额显示“*”号，建议下载新版安全控件。

登录到网上银行充值

选择其他方式充值

接下来就是登录网上银行付款了，相信在前面的章节中你早已熟知方法，这里就不再累述。

11.3.4 搜索要购买的宝贝

网上商城之大，商品之多，不锁定目标去搜索，肯定会迷失方向，被商品巨潮所淹没，所以网上购物首先就要学会如何寻找中意的商品。在众多商品中找到需要的东西无疑就像寻宝一样，所以网友形象地称呼满意的商品为宝贝。

在淘宝中寻找宝贝的方法很多，下面介绍两种比较常用的搜索方法。

1 通过站内搜索引擎寻找

为了帮助用户在商城中快速找到自己需要的宝贝，淘宝网为用户提供了站内搜索引擎。下面以搜索床上用品四件套为例，介绍在淘宝网中搜索宝贝的具体操作步骤。

01 启动 IE 浏览器，打开淘宝网首页，在搜索文本框中输入商品名称，如“床上用品四件套”，然后单击“搜索”按钮。你也可以通过组合的方式输入关键词缩小搜索范围，如“床上用品四件套 秋冬”，这样，系统就会自动搜索商品名称有“秋冬”字样的床上用品四件套，而过滤具有“夏季”标注的商品。

02 在弹出的页面中会显示搜索到的商品，并显示缩略图。如果你想要了解某一件商品，单击想了解的图片即可进入该商品页面。

当然，如果你有喜欢的品牌，也可以将该品牌作为关键词来搜索，甚至可以将货号输入搜索文本框中，得到更精确的商品信息。

2 通过分类链接寻找

进入淘宝首页之后，在淘宝的页面左侧，可以看到淘宝网列出的所有宝贝类目。淘宝网中的物品主要分很多大类，如服装内衣、鞋包配饰、运动户外、家电办公、护肤彩妆等。

在寻找宝贝时，可以从需要的物品的大类着手。下面以通过分类寻找“电饭煲”为例，介绍通过商品分类寻找宝贝的具体操作步骤。

01 启动 IE 浏览器，登录淘宝网，将鼠标指针移动到“商品服务分类”下方的“家电办公”选项卡中，在弹出的菜单中单击“厨房电器”栏中的“电饭煲”超链接，系统就会自动搜索淘宝网上所出售的电饭煲。

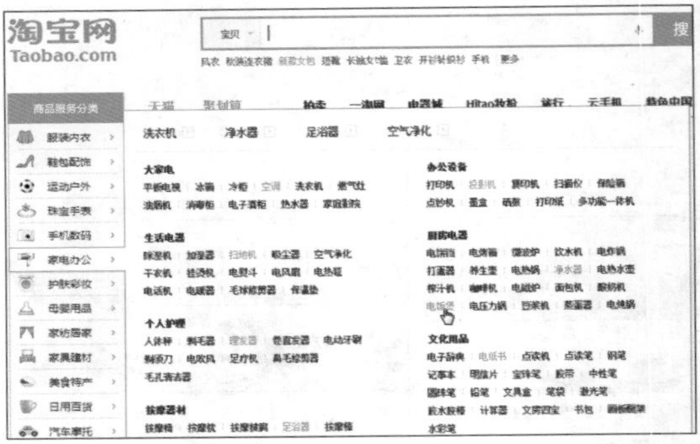

02 弹出的页面中会显示搜索到的商品，单击想了解的图片即可进入该商品页面。

当琳琅满目的商品出现在电脑屏幕上之后，你有没有被迷晕了眼？切记千万不要被卖家精心修饰的图片和华丽的文字所迷惑，要在淘宝网上购买到物美价廉的商品，还需要一双火眼金睛。

多比较、多询问，然后多查看已经购买过该商品的买家的评价，才能从众多商品中筛选出你所满意的东西。

11.3.5 与卖家讨价还价

与在实体店购物一样，在淘宝网店中看中某件宝贝后，你也许还想着再了解一下商品更详细的情况，或者跟卖家讨价还价，为自己争取更大的利益。这时，阿里旺旺就是你忠实的好伙伴，这是淘宝网专门为淘宝用户量身定制的一款聊天工具，使用该软件，淘宝网的买家和卖家便可进行交流了。

要想使用阿里旺旺，必须先到官方网站（http://www.taobao.com/wangwang）下载安装安装程序，然后运行安装程序进行安装。

安装完成后，就可以与卖家进行交流了，其具体操作步骤如下。

01 登录阿里旺旺，在宝贝页面中单击含有阿里旺旺标志的“和我联系”按钮。

02 自动弹出与卖家对话的窗口，在窗口下方的文本框中输入需要询问的内容，然后单击“发送”按钮，即可向卖家发送询问信息。

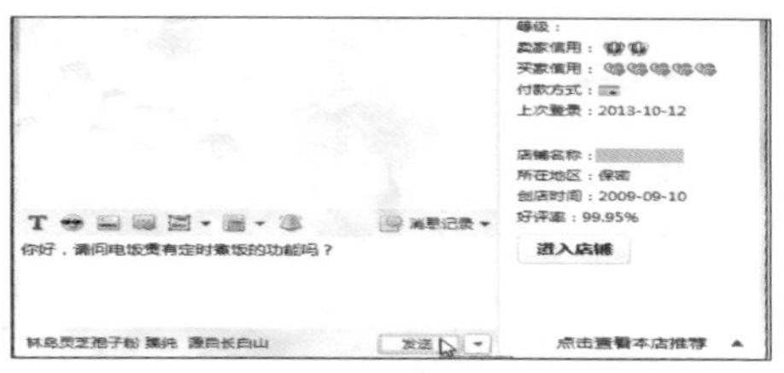

03 发送的信息会显示在窗口上方，待卖家回复后，他的回答也会在窗口上方显示。

阿里旺旺虽然只是购物时的聊天工具，在聊天的使用上与QQ也没有太多的区别，却可以作为维权的重要工作。当你详细地向卖家询问了商品的情况之后，而后来收到的商品与卖家的描述不相符，你也可以通过与卖家的聊天记录维护自己的利益。

11.3.6　购买选中的宝贝

在淘宝网中经过再三的挑选之后，终于选中了自己喜欢的宝贝，在与卖家沟通之后，你可能已经决定了要购买这件宝贝。那么，接下来你只要拍下该宝贝并付款，这件宝贝就会在不久之后出现在你的面前。

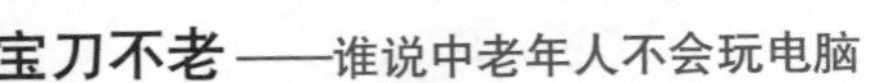

现在，就一起来购买这件宝贝吧！在淘宝中购买宝贝的具体操作步骤如下。

01 登录淘宝网，在要购买的宝贝页面中选择商品颜色或型号等相关信息，然后单击“立刻购买”按钮。

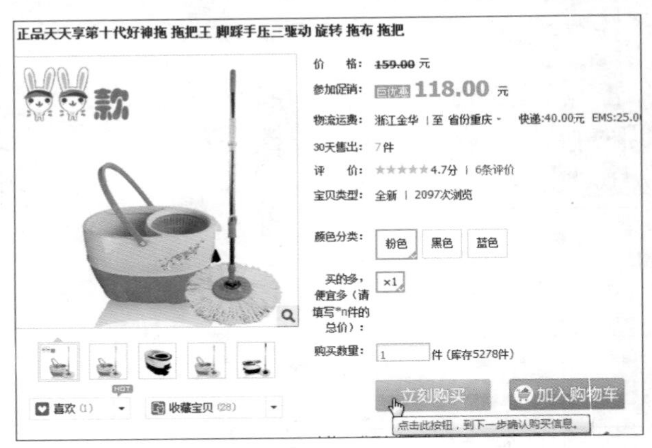

如果你想要购买的并不止这一件商品，也可以单击“加入购物车”按钮，这件商品将会像超市里的商品一样装进购物车，等到你挑选完毕之后一起结账即可。

02 第一次购买时，系统会提示填写收货地址，按照提示填写即可。这个地址也会作为以后购买商品的默认地址。

03 在数量栏中选择购买数量及选择运送方式，确认无误后，单击“提交订单”按钮。

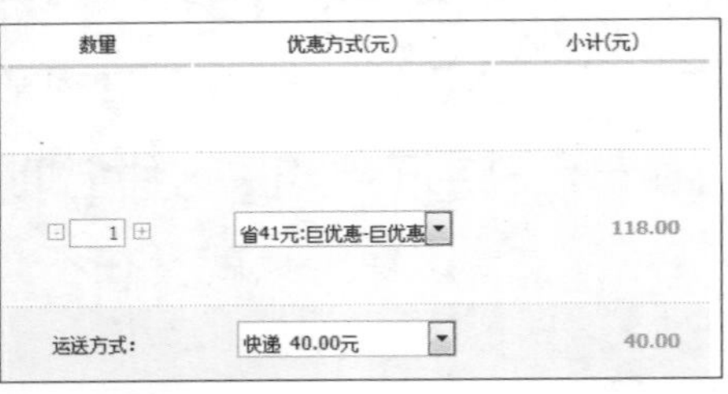

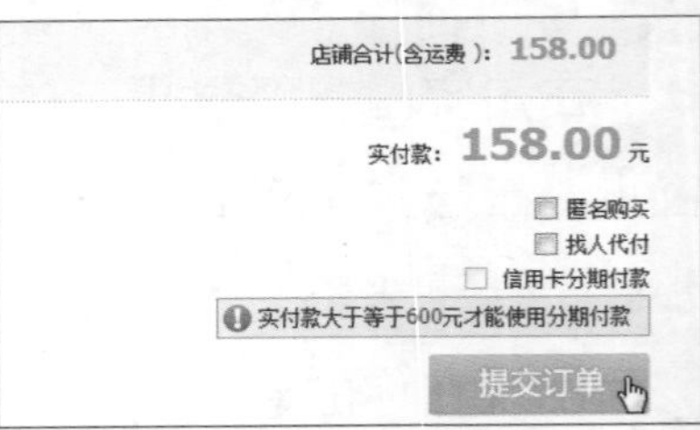

04 在弹出的支付窗口中输入支付宝密码，然后单击“确认付款”按钮。如果支付宝账户中的余额并不足以支付商品的费用，此处可以选择使用银行卡支付，支付方法与网上银行的支付方法相同。

05 支付完成后，在打开的页面中可看到提示用户付款成功的信息。

当你使用支付宝成功付款后，就可以等待卖家发货了，在此过程中可以通过查看“已买到的宝贝”页面追踪货物物流情况。而只有买家确认收到货物后，支付宝才会将货款真正转给卖家。淘宝买家确认收货并付款的步骤如下。

01 启动IE浏览器，登录淘宝，在淘宝首页中将鼠标指针指向“我的淘宝”超链接，在弹出的下拉菜单中单击“已买到的宝贝”超链接。

02 在打开的页面中，找到已经收到货，需要付款的宝贝，然后单击“确认收货”按钮。如果你有不止一件商品需要确认收货，可以单击订单上方的“批量确认收货”按钮来付款。

03 在打开的页面中再次输入支付宝账户的支付密码，然后单击“确定”按钮。因为此次支付是将货款支付给卖家，所以在支付之前一定要仔细检查收到的商品有无破损、是否有货不对版的情况等。

04 确认之后，会弹出提示对话框让你再次确认是否支付该笔货款，单击“确认”按钮后交易就全部完成。

05 在之后弹出的页面中，会提示你给对方评价，可以单击“给对方评价”按钮进入评价页面，也可以直接关闭该页面，系统在几天之后会默认给予卖家好评。但是，你的评价可以给以后购买的人很大的帮助，建议你花一点时间把你收到的商品的具体情况告诉其他人，让其他人能够更好地选择该商品。

06 如果你选择了给对方评价，会弹出评价页面，在其中评分并输入评价信息，最后单击“确认提交”按钮即可。

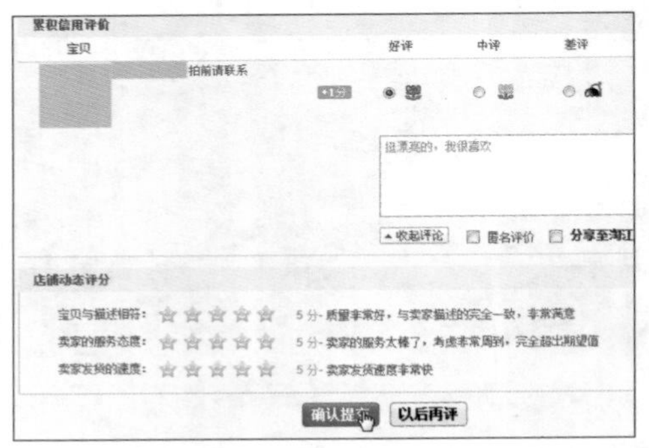

自此，淘宝的购物就完成了，你对自己选择的商品还满意吗？也许现在你可以总结一下这次的购物经验，记下购买商品时需要注意的问题，宝贵的经验可以让你在以后的购物中更加顺利。

11.3.7 在淘宝中申请退款

如果你在淘宝网中购买了某件商品，只要是使用支付宝付款的，当收到的货物存在质量问题或没有收到货物时，都可以要求卖家退款。

在淘宝网中向卖家申请退款的具体操作步骤如下。

01 启动 IE 浏览器，登录淘宝网，打开“已买到的宝贝”页面，单击页面右侧的“等待确认收货”标签，然后单击需要申请退款的宝贝后面的“退款／退货”超链接。

02 在打开的页面中先选择是否收到货物，因为未收到货物和已收到货物需要填写的退款选项是不同的。此处选择了已收到货物，下方会弹出已收到货物申请退款时需要填写的选项，按要求选择是否退货、退款原因、退款金额，然后单击“提交退款申请”按钮即可申请退款。退款说明可选择性填写，但详细的退款说明可以让卖家了解你的退款原因，买卖双方真诚的沟通更能解决购买过程中遇到的问题。

当退款申请提交后，就可以等待卖家的答复，卖家在同意退款之后所退的款项将返还到你的支付宝账户中。

如果与卖家产生纠纷，可以要求网站客服介入处理。若已付款却未收到货物，或是收到的商品与描述严重不符，卖家又拒绝退换，可以在成交 3 天后马上向淘宝提交投诉。在“我的淘宝”页面中单击“已买到的宝贝”超链接，在打开的页面中单击订单对应的"投诉卖家"超链接，然后根据提示输入投诉理由。

11.3.8 网上购物注意事项

虽然在网上购物非常便利，但是在安全购物的同时，还必须当心各种骗局。下面是一些网上购物时基本的注意事项。

- 管理好自己的个人资料和各种登录密码，特别是支付宝登录密码。银行卡和身份证号码不要轻易泄露。
- 使用网上银行进行支付时，最好使用一个专用账户，卡内不宜存放太多现金。同时，要杜绝在公共设备上使用账户，防止泄露用户信息。
- 认真阅读宝贝介绍，尤其应该注意有关产品质量、交货方式、费用负担、退换货程序、免责条款，以及争议解决方式等内容。
- 在网上购物时要小心一些文字游戏。比如"笔记本"和"笔记本电脑"是有区别的。
- 注意宝贝价格与宝贝的相符程度。如果一个宝贝的价格出奇便宜，此时买家就需要谨慎。
- 在购买一些比较贵重的物品时，要注意保存相关"电子交易单据"，包括商家以电子邮件方式发送的确认书等。
- 如果卖家通过各种各样的理由要求买家不使用支付宝汇款，这很有可能是一个骗局，买家千万不要上当。
- 不要轻易打开一些不正规的链接地址或邮件，不要随意接收陌生人发过来的图片等内容。
- 一定要使用支付宝付款，并且一定要收到商品后才确认付款。

第 12 章

文档制作不求人

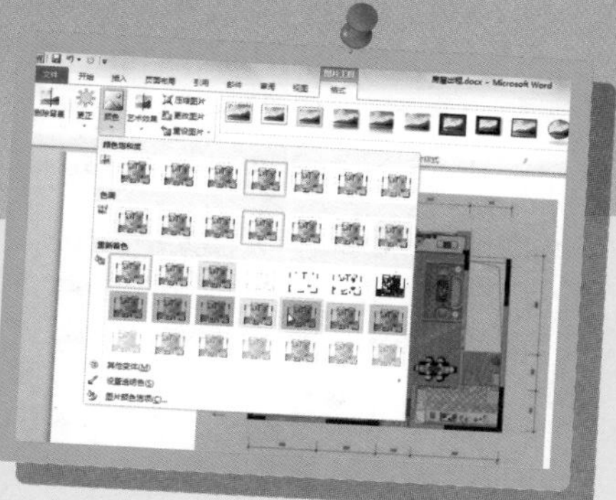

你一直是老年活动中心的领军人物，可是每当要制作活动通知时，只有到街边的打印小店，让店员帮忙。为何不自己学习制作宣传通知呢？

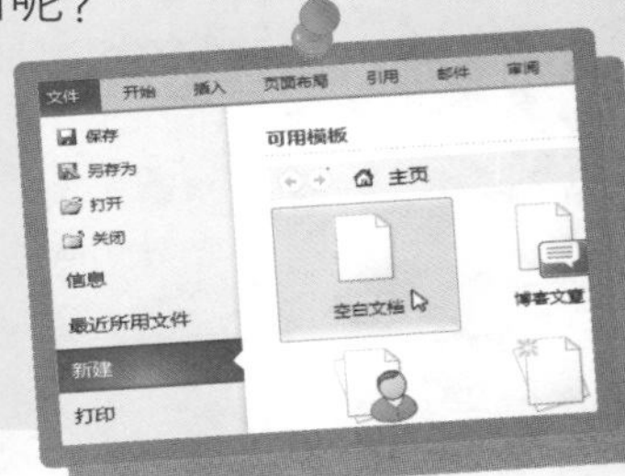

制作通知看似复杂，其实是一件很简单的事情，使用 Word 文档可以轻松地制作出图文并茂的宣传通知。

既然才开始学习使用 Word 文档制作通知，那么就先从一个简单的纯文字通知做起。不要以为通知只是打几个字就可以了，一个简单的通知所使用的文字在经过处理之后才能以最佳的姿态展现在大家面前。

12.1 认识制作通知的工具

在使用 Word 制作通知之前，必须先要认识 Word，然后熟悉 Word 的基本操作，只有掌握了这些，才能得心应手地将通知制作出来。

Word 2010 是 Microsoft Office 2010 中最常用的组件之一，它主要用于编辑和处理文档。在学习之初，我们当然要先学会怎样启动 Word。

当系统中安装好 Office 2010 软件之后，可以通过“开始”菜单来启动 Word，其操作方法是：单击桌面左下角的“开始”按钮，在弹出的“开始”菜单中依次单击“所有程序”→“Microsoft Office”→“Microsoft Word 2010”命令。

除了这个方法之外，在安装了 Word 2010 之外，双击任何一个 Word 文档图标，不仅可以启动 Word 2010 程序，还能打开相应的文档内容。

启动 Word 2010 后，首先显示的是软件启动画面，接下来打开的窗口便是操作界面，该操作界面主要由标题栏、功能区、文档编辑区和状态栏等部分组成。

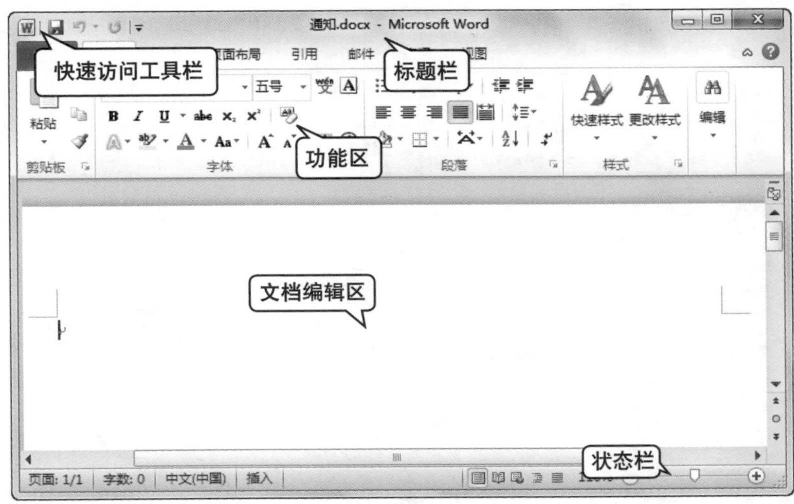

在认识了 Word 的主界面之后，你还必须要知道主界面中各个按钮、图标等代表什么意思，以下就来为你一一解答。

1 标题栏

标题栏位于窗口的最上方，从左到右依次为控制菜单图标、快速访问工具栏、正在操作的文档的名称、程序的名称和窗口控制按钮。接下来，分别介绍这些图标和按钮的用途。

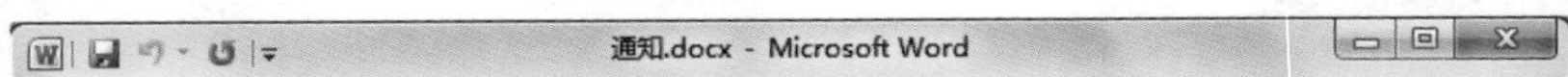

- 控制菜单图标：单击该图标，将会弹出一个窗口控制菜单，通过该菜单可对窗口执行还原、最小化和关闭等操作。
- 快速访问工具栏：用于显示常用的工具按钮，默认显示的按钮有“保存”、“撤销”和“恢复”，单击这些按钮可执行相应的操作。
- 窗口控制按钮：从左到右依次为“最小化”按钮、“最大化”按钮 /“向下还原”按钮和“关闭”按钮，单击它们可执行相应的操作。

2 功能区

功能区位于标题栏的下方，在默认情况下包含“文件”、“开始”、“插入”、“页面布局”、“引用”、“邮件”、“审阅”和“视图”8 个选项卡，单击某个选项卡可将它展开。

此外，当在文档中选中图片、艺术字或文本框等对象时，功能区中会显示与所选对象设置相关的选项卡。例如，在文档中选中图片后，功能区中会显示“图片工具 / 格式”选项卡。

每个选项卡由多个组组成，例如“开始”选项卡由“剪贴板”、“字体”、“段落”、“样式”和“编辑”5 个组组成。

有些组的右下角有一个小图标 ，我们将其称为“功能扩展”按钮，将鼠标指针指向该按钮时，可预览对应的对话框或窗格，单击该按钮，可弹出相应的对话框或窗格。

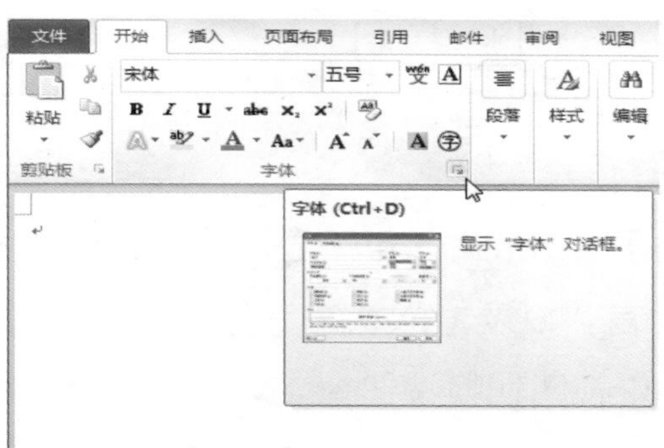

此外，在功能区的右侧有一个“Microsoft Office Word 帮助”按钮 ，单击可打开 Word 2010 的帮助窗口，在其中用户可查找需要的帮助信息。

3 文档编辑区

文档编辑区位于窗口中央，以白色显示，它是输入文字、编辑文本和处理图片的工作区域，在该区域中向用户显示文档内容。

当文档内容超出窗口的显示范围时，编辑区右侧和底端会分别显示垂直与水平滚动条，拖动滚动条中的滚动块，或单击滚动条两端的小三角按钮，编辑区中显示的区域会随之滚动，从而可查看其他内容。

4 状态栏

状态栏位于窗口底端，用于显示当前文档的页数／总页数、字数、输入语言，以及输入状态等信息。状态栏的右端有两栏功能按钮，其中视图切换按钮用于选择文档的视图方式，显示比例调节工具 100% 用于调整文档的显示比例。

明白了 Word 中操作按钮和图标代表的意思之后，学习起来就会事半功倍了。现在，你就可以正式开始制作通知了。

12.1.1 通知应该怎么写

在正式制作通知之前，首先要新建一个空白的 Word 文档，而启动 Word 之后会自动创建一个空白文档，你可以直接在这个空白文档中编辑。除此之外，你还可以通过以下的方法创建空白文档。

- 在文件夹窗口空白处单击鼠标右键，在弹出的快捷菜单中单击“新建”→“Microsoft Office Word 文档”命令，此时会在当前目录中新建一个空白的 Word 文档。
- 启动 Word 程序，切换到“文件”选项卡，单击“新建”命令，然后在右侧窗口中选择“空白文档”选项，最后单击“创建”按钮即可。

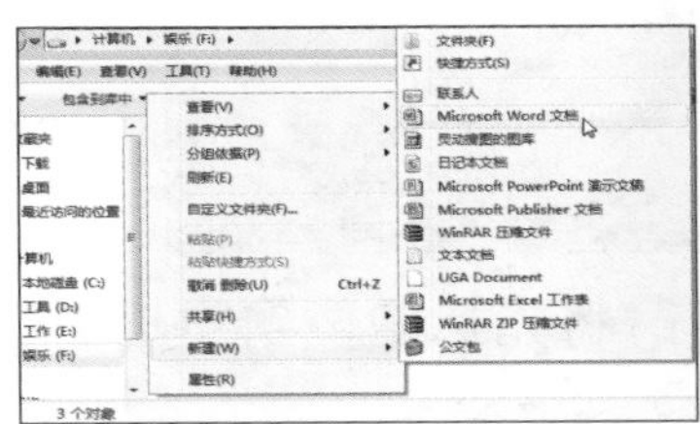

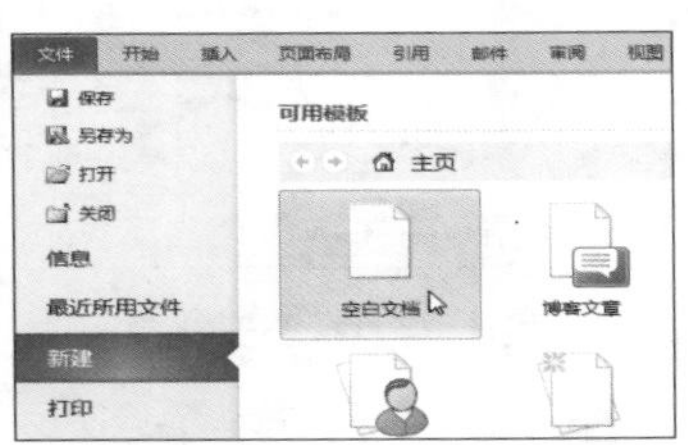

建立了空白文档之后，就可以开始录入文档了。在新建的文档中，你会看到一个闪烁的竖线，它被称之为光标，它表示当前文本的编辑位置。当你通过键盘输入汉字或字符时，就会在光标的位置显示出来。

接下来，就开始正式录入文档了，在 Word 中录入文档的具体操作步骤如下。

01 在文档的第一行输入通知的标题，如“清明节扫墓活动通知”，输入一个文字之后，光标会自动向右移。

02 输入标题之后一般需要换行，此时按“Enter”键即可将光标移到下一行的行首。此时，你会发现标题的最后有一个 ↵ 符号，这表示一个段落的结尾，在以后的每一个段落结尾中都会出现。

03 接着输入通知的正文内容，当一行文字录满之后会自动换到下一行，而如果需要换行时就按“Enter”键。如果应该换行的时候你忘记了，可以把光标插入需要换行的地方，然后按“Enter”键，就可以将文字换到下一行了。

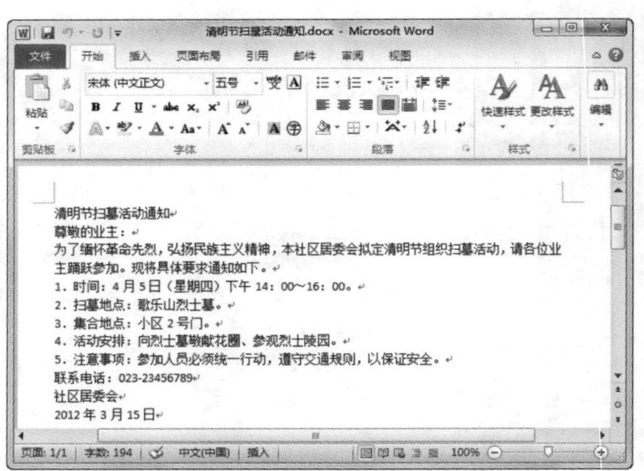

在编辑过程中，我们可以随时将光标定位到文档中的任意位置进行文本输入，定位光标的方法通常有以下几种：

- 在文本区域中单击鼠标左键进行光标定位。
- 用鼠标左键双击文档中文本以外的空白处插入光标。
- 使用键盘方向键移动光标。

学会了光标的定位方法后，在录入文字的过程中，如果有录入错误的地方，可以单击鼠标，将光标定位到错误的地方，然后按下键盘的退格键删除光标前的内容，之后再重新输入就可以了。

怎么样，通知的录入很简单吧，可是制作通知并不是输入文字就完成了，经常有需要调整的地方。比如要将文本进行复制、剪切、删除、设置格式等，这时就需要进行选定文本的操作。

选定文本最基本的方法就是将鼠标指针移动到要选定文本的开始处，然后按下鼠标左键并拖动鼠标，鼠标指针经过的文本即可被选中。拖动鼠标的方向可以为任意方向。除此之外，还有另外一些选定文本的方法。

- 将光标定位到起点位置，按“Shift”键，移动鼠标指针到终止位置，单击鼠标左键，起始位置到终止位置之间的文本将被选定。
- 将光标定位到起点位置，按“Shift+ 方向键”组合键，可从光标处按方向进行扩展选定。
- 双击某个词语，该词语被选定。
- 将鼠标指针移动至文档左侧边缘处，当鼠标指针变为箭头形状时，单击可选定该行。
- 在一段文本中单击鼠标左键 3 次，该段文本将被选定。
- 按“Alt”键，然后按下鼠标左键并拖动鼠标，在拖动出的矩形区域内的文本被选定。
- 按“Ctrl+A”组合键，可选定文档的所有内容。

学会了选定文本之后，如果遇到一大段文字需要删除时，并不需要将光标定位之后再逐字删除，只需要选定某一段文字，按“Delete”键或“Backspace”键即可。

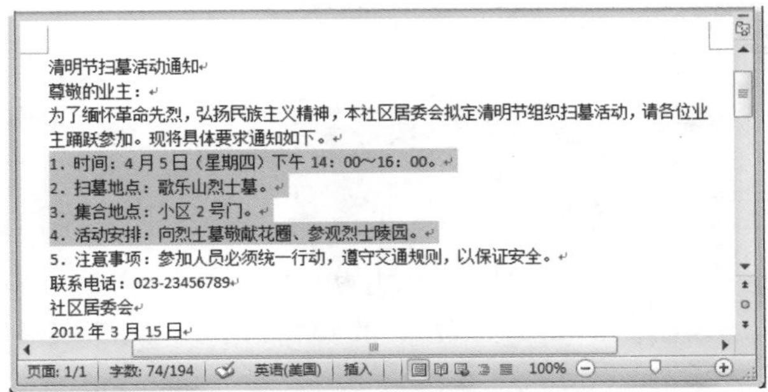

如果在录入通知的过程中，有的内容需要重复使用，并不需要重复录入，复制和粘贴功能可以让你省去重复输入。在 Word 文档中复制文本的具体操作方法如下。

01 先选定要复制的文字，然后在选定的文本上单击鼠标右键，在弹出的快捷菜单中选择“复制”命令。

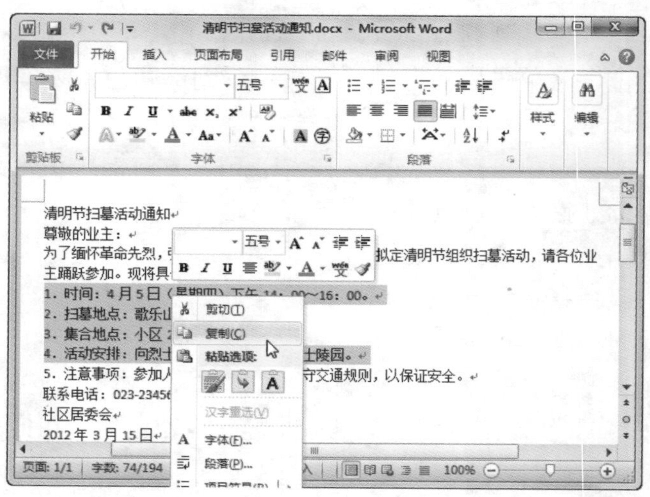

02 将光标定位到需要插入文本的位置，然后在该位置单击鼠标右键，在弹出的快捷菜单中单击“粘贴选项”下的“保留源格式”按钮。就这样，你想要的这段文字就复制到目标位置了，是不是省时又省力呢？

除了使用鼠标进行复制和粘贴之外，你还可以使用组合键来完成这项工作。使用“Ctrl+C”组合键，可以复制选定的文本；使用“Ctrl+V”组合键，可以执行粘贴文本操作。

如果在录入完成之后，发现将某一段文本移动到其他地方效果更佳，也可以执行剪切和粘贴的操作，轻松将文本转移。具体操作步骤如下。

01 选定需要移动的文本，在选定的文本上单击鼠标右键，然后在弹出的菜单中单击“剪切“命令。

02 将光标定位到需要插入文本的位置，然后在该位置单击鼠标右键，在弹出的快捷菜单中单击“粘贴选项”下的“保留源格式”按钮。这时你选定的文本已经移动到指定的位置了。

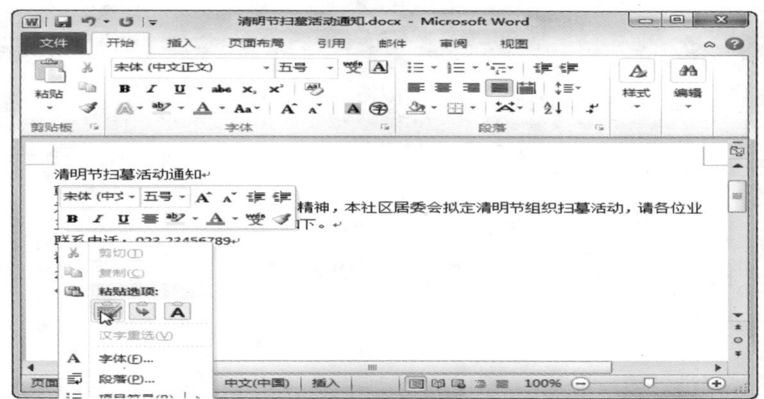

如果你想用更快捷的方法剪切文本，同样可以使用组合键，剪切的组合键是“Ctrl+X”，进行剪切之后再使用“Ctrl+V”组合键粘贴即可。

如果在编辑文档时需要取消刚才进行的操作，可以通过“撤销”命令来实现。通过以下操作之一可以完成撤销操作。

- 单击窗口左上角快速访问工具栏中的“撤销”按钮↶。
- 按“Ctrl+Z”组合键。

如果重复执行以上操作，可以依次撤销前面的多步操作。

执行撤销操作后可以使用“恢复”命令还原被撤销的操作，通过以下操作之一可以完成恢复操作。

- 单击窗口左上角快速访问工具栏中的“恢复”按钮↷。
- 按“Ctrl+Y”组合键。

现在，你已经掌握了录入文本的基本操作，以后不管是录入老年活动中心的通知或者是房屋出租信息都可以得心应手了。

12.1.2 设置你的通知文字

虽然你学会了在 Word 里录入文字，但只是把文字录入并不能说明这个通知已经制作完成了。刚开始文档的版式看起来呆板无力，并不能吸引大家的眼球，如果能将字体重新设置一下，再加上漂亮的颜色，然后将段落结构调整得错落有致，是不是更能增加文档的观赏性呢？

在 Word 中有许多不同的字符格式，字体、字号、颜色等都可以分别进行设置。设置了字符格式的文档看起来更加美观，文档的层次会更加分明，也能更好地突出重点，增加文档的可读性。

在“开始”选项卡中有一个“字体”选项组，这里是对字符格式进行设置的地方。字符的设置项目很多，但一般常用的字符设置有字体、字号、加粗、倾斜、下画线和颜色。

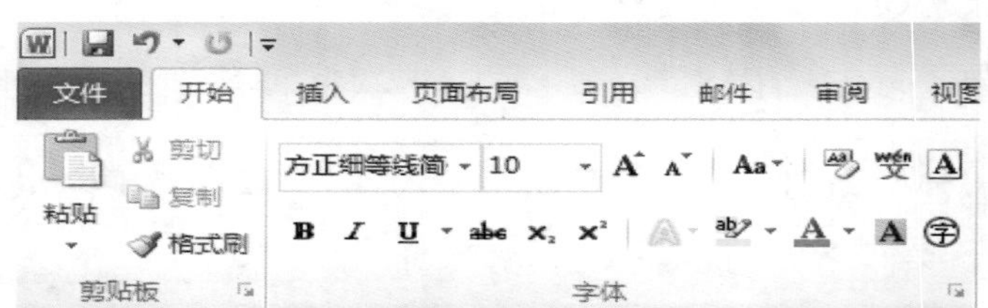

我们不是要成为专业的排版人员，所以以下只介绍常用的字符设置即可，更多的设置还需要你自行摸索。

设置字符格式有两种情况，一种是选中要设置的文本，然后更改被选中文本的字符格式；另一种是将光标定位到需要输入文字的地方，然后设置好需要的字符格式以待输入。

- 在“字体”下拉列表中，可选择文字的字体，如“宋体”、“楷体”、“黑体”等。
- 在“字号”下拉列表中，可以更改文字的大小。

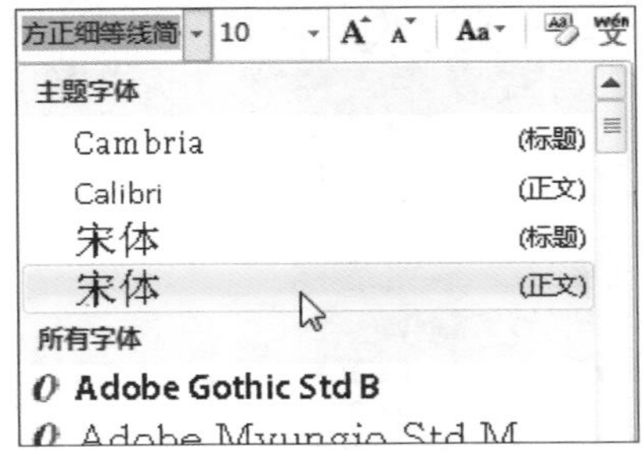

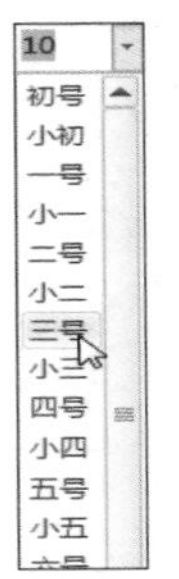

- 单击“加粗”、“倾斜”、“下画线”等按钮，可以设置文字的强调效果，其中还可以为文字选择下画线的线型。
- 在“字体颜色”下拉列表中，可以选择字体颜色。

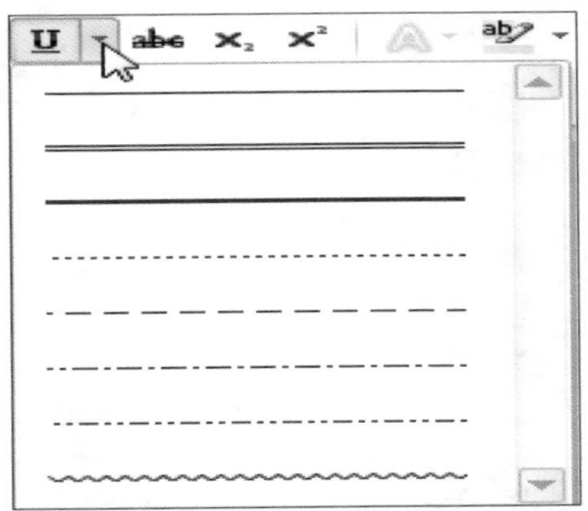

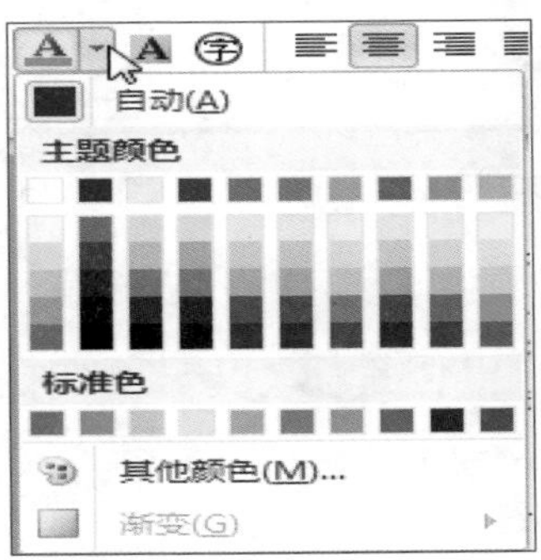

想不想为你制作的通知增光添彩？其实只需要简单地设置就能让你的通知有很大的改变。下面，就开始为前面制作的“通知”文档设置不同的字符格式，通过以下步骤可以让你掌握设置文档字符格式的具体操作方法。

01 通知的标题应该醒目，所以在选中通知的标题后，将字体设置为“黑体”，而标题的字号一般比正文要大，所以将字号设置为“三号”。

02 为了重点突出标题，可以将标题设置为其他颜色，在选中标题后，将字体设置为“红色”，然后单击“下画线”按钮，为标题添加下画线。

03 选中通知的正文内容，将字体设置为“楷体”，然后设置字号为“小四”。因为中老年人的视力大多不好，如果有需要还可以将字号设置得更大。

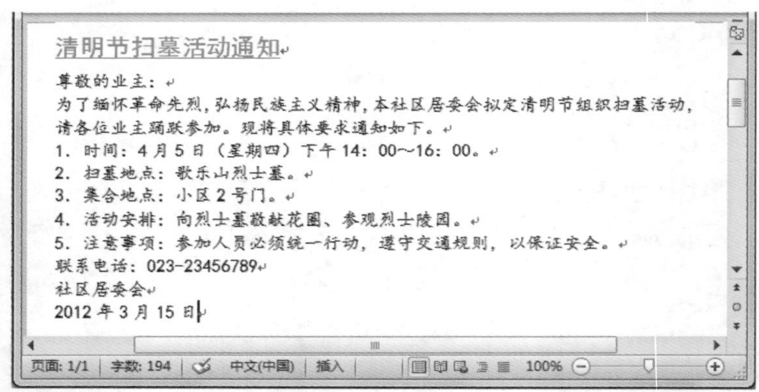

清明节扫墓活动通知

尊敬的业主：

为了缅怀革命先烈，弘扬民族主义精神，本社区居委会拟定清明节组织扫墓活动，请各位业主踊跃参加。现将具体要求通知如下。

1. 时间：4 月 5 日（星期四）下午 14：00~16：00。

2. 扫墓地点：歌乐山烈士墓。

3. 集合地点：小区 2 号门。

4. 活动安排：向烈士墓敬献花圈、参观烈士陵园。

5. 注意事项：参加人员必须统一行动，遵守交通规则，以保证安全。

联系电话：023-23456789

社区居委会

2012 年 3 月 15 日

在设置完成后，如果你觉得哪里的内容需要重新设置，如修改颜色、添加下画线等，可以重新选中之后再进行设置，非常方便。但是，建议一篇文档中设置的颜色不要太多，最多 2 ~ 3 种颜色就可以了。

当字符设置完成之后，是不是觉得通知仍然缺少了什么？是的，平时我们手写通知时都会按照一定的格式书写，例如，称呼要居左顶格、落款要靠右对齐、自然段开头要空两格等。因为在 Word 中输入文本默认的对齐方式是“两端对齐”，所以录入之后并没有明显的段落区分。那么，如何在 Word 里设置这些格式呢？

不用担心，Word 的段落格式设置很贴心，“开始”选项卡中的“段落”选项组可以帮助你实现段落格式设置。

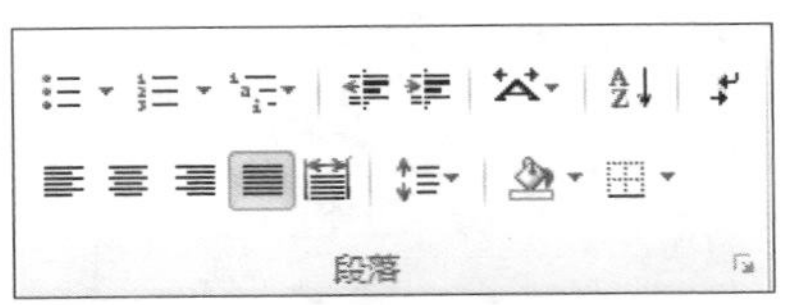

下面通过具体的例子来介绍设置段落格式的具体步骤。

01 一般来说，标题都会被居中放置，所以在选中标题之后，单击“段落”选项组中的“居中”按钮☰。在刚开始使用时，你也许并不知道“居中”按钮的位置，你可以将鼠标指针放到一个按钮上，稍等片刻将会在按钮下方弹出文本框，显示该按钮的作用。

02 选中通知的正文部分，然后单击鼠标右键，在弹出的快捷菜单中单击“段落”命令。

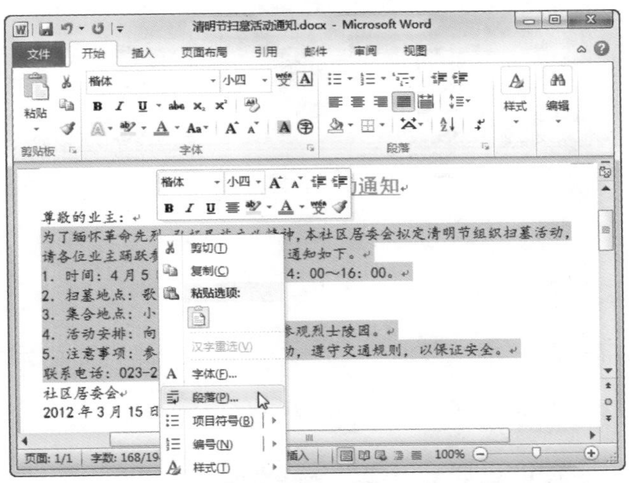

03 弹出“段落”对话框，选择“缩进和间距”选项卡，在“特殊格式”下拉列表框中选择“首行缩进”选项。其后的“磅值”数值默认为“2 字符”。设置完成后单击“确定”按钮保存退出，此时选择的段落的开头都会自动缩进两个字符。

04 因为落款大多在页面的右下角，所以最后一步要选中落款和日期，单击“段落”选项组中的“文本右对齐”按钮。

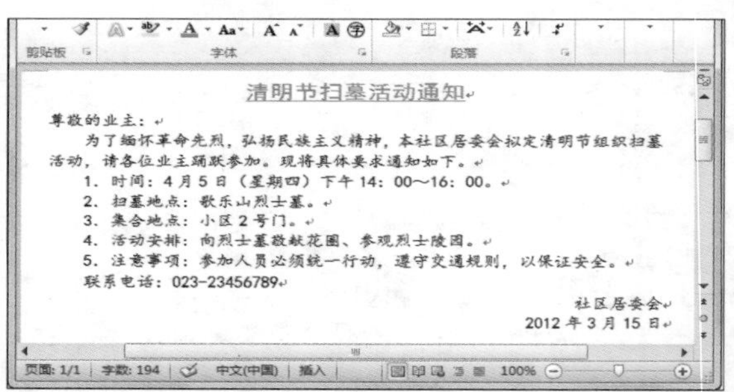
清明节扫墓活动通知

尊敬的业主：

为了缅怀革命先烈，弘扬民族主义精神，本社区居委会拟定清明节组织扫墓活动，请各位业主踊跃参加。现将具体要求通知如下。

1. 时间：4 月 5 日（星期四）下午 14：00～16：00。
2. 扫墓地点：歌乐山烈士墓。
3. 集合地点：小区 2 号门。
4. 活动安排：向烈士墓敬献花圈、参观烈士陵园。
5. 注意事项：参加人员必须统一行动，遵守交通规则，以保证安全。

联系电话：023-23456789

社区居委会

2012 年 3 月 15 日

段落格式设置完成之后，如果发现有几个并列的注意事项忘记录入了，应该马上添加到文档中。对于文档中的并列段落，可以使用项目符号的样式，这样可以使内容看起来更加整齐。

设置项目符号时，只需要单击段落组中的“项目符号”按钮，一个项目符号就设置完成了。其具体的操作步骤如下。

01 在通知文档中找到需要插入项目符号的位置，插入光标，然后单击“开始”选项卡中的“项目符号”按钮，就可以在该光标处创建一个项目符号。

02 录入第一个并列段落之后按“Enter”键，下一个段落中会自动创建一个项目符号，你只需要继续录入段落内容即可。

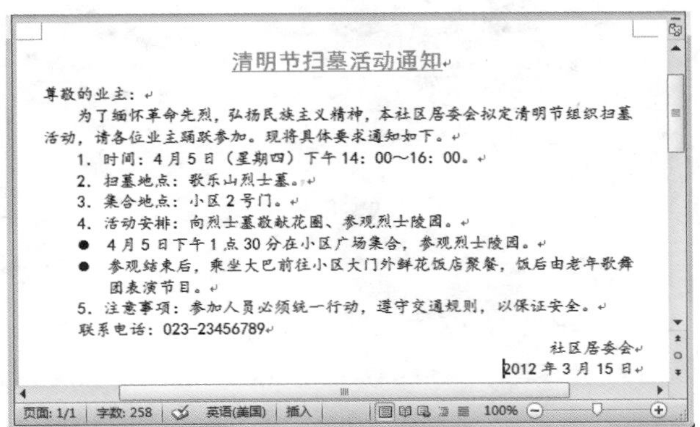

清明节扫墓活动通知

尊敬的业主：

为了缅怀革命先烈，弘扬民族主义精神，本社区居委会拟定清明节组织扫墓活动，请各位业主踊跃参加。现将具体要求通知如下。

1. 时间：4 月 5 日（星期四）下午 14：00～16：00。
2. 扫墓地点：歌乐山烈士墓。
3. 集合地点：小区 2 号门。
4. 活动安排：向烈士墓敬献花圈、参观烈士陵园。
   - 4 月 5 日下午 1 点 30 分在小区广场集合，参观烈士陵园。
   - 参观结束后，乘坐大巴前往小区大门外鲜花饭店聚餐，饭后由老年歌舞团表演节目。
5. 注意事项：参加人员必须统一行动，遵守交通规则，以保证安全。

联系电话：023-23456789

社区居委会

2012 年 3 月 15 日

因为项目符号默认为一个黑色的小圆圈，如果你对项目符号的样式不满意，也可以随时更改。更改的方法很简单，单击“项目符号”右侧的小箭头，在弹出的列表中选择喜欢的项目符号图案即可。

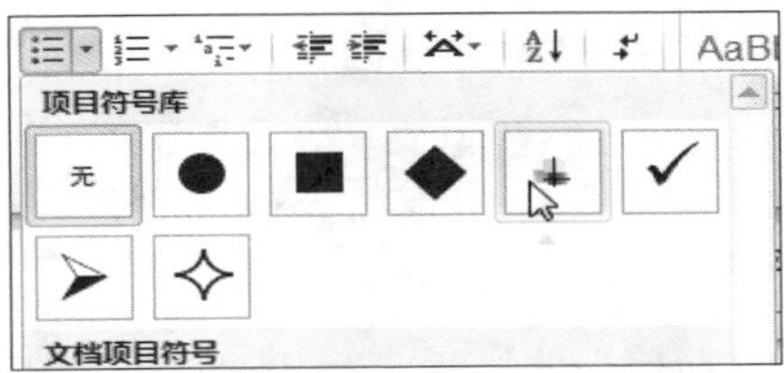

现在通知的内容是不是更加丰满了？再检查一下有没有错误，然后这则通知就可以正式派上用场了。

现在，你是不是觉得制作通知也是一件简单的事情？当你可以熟练运用这些字符设置之后，相信你不仅可以按照书中的步骤完成操作，自己设计一个版式也不成问题了。

12.2 打印出租启事

无论是老年活动中心的活动通知，还是出租房屋启事，在电脑里制作完成之后都需要打印出来。打印文档除了需要安装打印机之外，在打印之前还要进行一些必要的设置，才能确保文档能成功打印。

12.2.1 打印之前的必要设置

文档制作完成之后需要打印，在打印之前，还需要进行一些简单的设置，如纸张大小、页边距等，以确保文档能够正确打印。在打印文档前，还可以通过 Word 提供的“打印预览”功能查看输出效果，以避免各种错误造成纸张的浪费。

在打印之前，先要设置文档的纸张大小，使之与实际使用的纸张大小相同。设置文档纸张大小的方法有以下两种。

- 切换到“页面布局”选项卡，单击“页面设置”工具栏中的“纸张大小”按钮，在弹出的下拉列表中单击选择需要的纸张类型。
- 在上述菜单中单击底端的“其他页面大小”选项，弹出“页面设置”对话框，在“纸张”选项卡中自定义纸张大小。

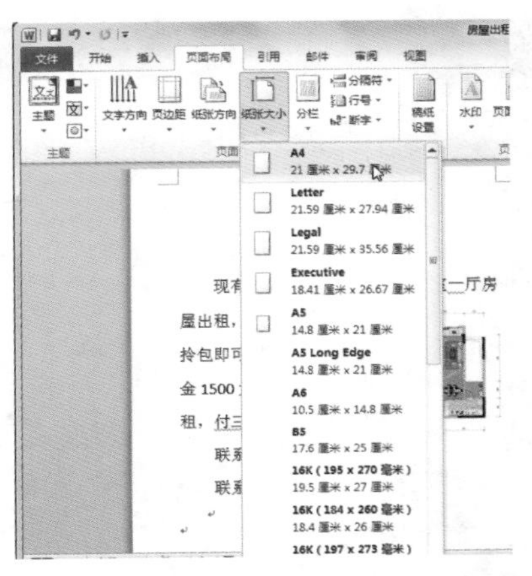
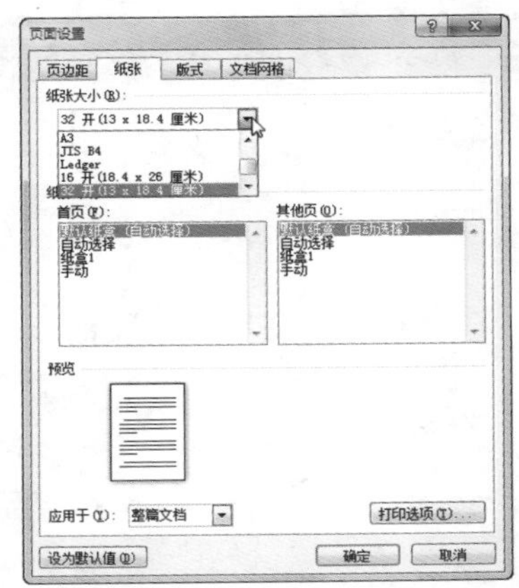

因为最常用的打印纸型号是 A4，如果你需要其他大小的纸张，一定在设置以后再进行打印。

除了设置纸张的大小之外，页边距的设置也很重要。页边距是指文档内容与页面边沿之间的距离，用于控制页面中文档内容的宽度和长度。在设置页边距时，可以单击“页边距”按钮，在弹出的下拉列表中选择页边距大小。

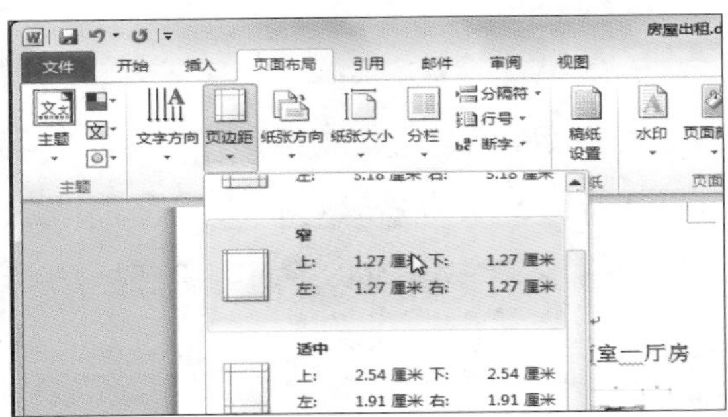

将参数都设置完成后，返回文档就可以看到设置完成后的效果了。想到自己制作的文档马上就可以变成纸上的文字，是不是很兴奋呢？

12.2.2 打印你的文档

文档设置完成之后就可以进入打印流程了，打印文档的方法很简单，具体操作步骤如下。

01 打开需要打印的 Word 文档，切换到“文件”选项卡，在左侧窗格中单击“打印”命令。

02 在中间窗格的“份数”微调框中可以设置打印份数，这是根据你自己需要张贴文章的数量而定的。在“页数”文本框上方的下拉列表中可设置打印范围，因为有的文档不止一页，所以你可以选择打印当前页或者打印所有页。

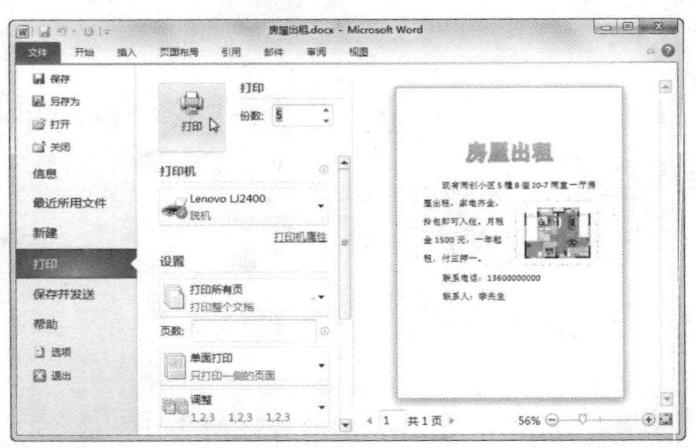

03 这些参数都设置完成后，单击中间空格左上方的“打印”按钮，你所制作的文档就可以打印出来了。

把文档打印出来之后，就可以拿出去张贴了。